Industrielle Robotersysteme

Springer

Andreas Pott · Thomas Dietz

Industrielle Robotersysteme

Entscheiderwissen für die Planung und Umsetzung wirtschaftlicher Roboterlösungen

Andreas Pott
Universität Stuttgart ISW
Stuttgart, Deutschland

Thomas Dietz
Stuttgart, Deutschland

ISBN 978-3-658-25344-8 ISBN 978-3-658-25345-5 (eBook)
https://doi.org/10.1007/978-3-658-25345-5

Die Deutsche Nationalbibliothek verzeichnet diese Publikation in der Deutschen Nationalbibliografie; detaillierte bibliografische Daten sind im Internet über http://dnb.d-nb.de abrufbar.

Springer Vieweg

Springer Vieweg ist ein Imprint der eingetragenen Gesellschaft Springer Fachmedien Wiesbaden GmbH und ist ein Teil von Springer Nature
Die Anschrift der Gesellschaft ist: Abraham-Lincoln-Str. 46, 65189 Wiesbaden, Germany

Geleitwort

Die Robotik ist auf dem Vormarsch – sowohl im industriellen Bereich als auch zunehmend in gewerblichen und häuslichen Umgebungen durch Serviceroboter. Das anhaltend starke und sich beschleunigende Marktwachstum in den vergangenen Jahren zeigt, dass die Robotik eine Zukunftsindustrie für die industrielle Produktion und den Konsumentenmarkt ist.

Deutsche Unternehmen sind aufgrund ihrer technisch führenden Stellung und des weltweit einmaligen Ökosystems aus Automatisierungstechnik-Anwendern, Ausrüstern und Forschungseinrichtungen in einer prädestinierten Ausgangslage, dieses Marktpotenzial für sich zu erschließen. Dabei hat die Robotik bereits in den vergangenen Jahrzehnten neue High-Tech-Arbeitsplätze in Deutschland geschaffen. Durch die verbesserte Wirtschaftlichkeit und Kosteneinsparungen hat Robotik zudem die Fertigung und damit Arbeitsplätze in Deutschland erhalten können. Für den Arbeitsmarkt in Deutschland bietet die Robotik also enorme Chancen. Dies trifft in besonderem Maße zu, da zukünftige Robotersysteme durch Technologien wie die Mensch-Roboter-Kollaboration (MRK) eng mit dem Menschen zusammenarbeiten werden, diesen von ergonomisch belastenden Tätigkeiten entbinden und es so gleichzeitig ermöglichen, das hervorragende Ausbildungs- und Erfahrungsniveau von Fachkräften in Deutschland zu nutzen. Weiterhin ist die Robotik eine Schlüsseltechnologie, um dem demografischen Wandel in Deutschland zu begegnen. Fast alle führenden produzierenden Unternehmen widmen sich mittlerweile diesem Trend und investieren in innovative Roboterlösungen, um Erfahrungen aufzubauen und sich einen Anteil am wachsenden Robotikmarkt zu sichern.

Robotersysteme umzusetzen erfordert aufgrund der zahlreichen involvierten Disziplinen und der Verbindung von Software mit der physischen Welt breite Erfahrungen und Kompetenzen. Viele Firmen treten auf Basis bestehender Kompetenzen in der Automatisierung in den Robotikmarkt ein. Die enge Verbindung von mechanischen Komponenten, Antriebstechnik, Steuerungstechnik, Software, produktionstechnischen und produktionsorganisatorischen Aspekten erfordert dabei eine systemische Vorgehensweise und Kompetenzen, die in der Summe für viele Firmen neu sind. Dies gilt insbesondere für Anwendungen in der Industrierobotik, denn industrielle Roboteranlagen sind fast immer anwendungsspezifische Automatisierungslösungen.

Den Stand der Technik in allen Disziplinen der Robotik zu erweitern und insbesondere Ergebnisse in die industrielle Praxis zu überführen waren seit jeher die Forschungsschwerpunkte in der Robotik am Fraunhofer-Institut für Produktionstechnik und Automatisierung IPA. Dabei entwickelt das Fraunhofer IPA als hersteller- und branchenneutraler Partner neue Roboterapplikationen und neue Technologien und hat einen breiten Überblick über die Anforderungen, um Robotik in verschiedenen Einsatzszenarien zu nutzen. Hierbei zeigt sich die entscheidende Bedeutung eines interdisziplinären Ansatzes und der Kombination der klassischen Robotertechnologien mit einem tiefen Verständnis der Zielbranche und den dort üblichen Prozessen und Abläufen. Solche Projekte finden in einem hochgradig mehrdimensionalen Projektumfeld statt. Diese Aspekte zu managen erfordert Einblick in die involvierten Disziplinen und Entscheidungskompetenz. Die Grundlagen genau dieser Entscheidungskompetenz möchte das vorliegende Werk vermitteln.

Dieses Buch basiert auf der seit vielen Jahren am Fraunhofer IPA durchgeführten Seminarveranstaltung „Entscheidungskompetenz Robotersysteme: Wirtschaftliche Roboterlösungen erfolgreich planen und umsetzen“. Diese zweimal jährlich stattfindende Veranstaltung haben in den vergangenen Jahren zahlreiche Entscheider und Führungskräfte von produzierenden Unternehmen, Systemausrüstern und Komponentenlieferanten genutzt, um in die Robotik einzusteigen. Der Erfolg der Veranstaltung zeigt, dass gerade bezüglich der Vermittlung von planerischen Grundlagen und Anwendungserfahrungen bei der Realisierung industrieller Roboteranlagen ein erheblicher Bedarf besteht. Während bereits zahlreiche Fachbücher die wissenschaftlich-technischen Grundlagen der Robotik vermitteln, sind die praxisbezogenen und für Entscheider relevanten Aspekte der Robotik bisher kaum durch Fachliteratur abgedeckt worden. Das vorliegende Buch schließt diese Lücke und zielt darauf ab, die Inhalte der Veranstaltung einem größeren Publikum zugänglich zu machen. Ich hoffe, dass Ihnen dieses Buch beim Einstieg oder der Vertiefung in die industrielle Robotik hilfreich ist.

Stuttgart
Januar 2019

Martin Hägele
Leiter des Bereichs „Intelligente Automatisierung und Reinheitstechnik“ und der Abteilung „Roboter- und Assistenzsysteme“ am Fraunhofer IPA

Danksagung

Wir bedanken uns bei den Mitarbeitern der Abteilung Roboter- und Assistenzsysteme des Fraunhofer-Instituts für Produktionstechnik und Automatisierung IPA, die bei der Erstellung und Pflege der Unterlagen der Veranstaltung „Entscheidungskompetenz Robotersysteme“ sowie bei deren Durchführung über all die Jahre mitgewirkt haben. Besonderer Dank gilt dabei Dr.-Ing. Manuel Drust, Dipl.-Ing. Martin Hägele, Dr.-Ing. Christian Meyer, Dipl.-Ing. Hendrik Mütherich, Dr.-Ing. Susanne Oberer-Treitz, Dr.-Ing. Matthias Palzkill, Dipl.-Inf. Felix Spenrath, Dipl.-Ing. Kay Wöltje und Dr.-Ing. Johannes Wößner. Dipl.-Ing. Martin Hägele danken wir für das Schaffen einer offenen, kreativitätsfördernden und wachstumsorientierten Arbeitsatmosphäre, die dieses Buch und die ihm zu Grunde liegenden Überlegungen ermöglichte, und für die Erstellung des Geleitworts. Bei der Aufbereitung des ersten Manuskripts waren uns die Herren Simon Tobias und Dipl.-Ing. Ragnar Lodwig eine große Hilfe.

Wir danken Luzia Schuhmacher für die sorgfältige Durchsicht und Überarbeitung des Manuskripts. Dankbar sind wir zudem dem Verlagsteam von Springer Vieweg für seine Unterstützung und Professionalität.

Dank gilt insbesondere auch unseren Familien für die Unterstützung und das Verständnis für all die Stunden, die in dieses Buch geflossen sind.

Stuttgart
Januar 2019

Thomas Dietz
Andreas Pott

Inhaltsverzeichnis

1 Einführung in Robotersysteme

Zusammenfassung
Industrieroboter sind ein bewährtes und weitverbreitetes Produktionsmittel, das erhebliche Potenziale zur Rationalisierung und Qualitätssteigerung in der Produktion bietet. Damit tragen sie dazu bei, auf die Anforderungen einer Produktion in Hochlohnländern (Brecher Hrsg., Integrative Produktionstechnik für Hochlohnländer. Springer, Berlin, 2011) wie z. B. Deutschland zu reagieren und die entsprechende Wertschöpfung zu erhalten. Die Automobilbranche ist gegenwärtig der größte Abnehmer und Anwender von Industrierobotern. Zunehmend werden Roboter aufgrund des technischen Fortschritts und Preisverfalls auch in anderen Branchen eingesetzt. Die größten Märkte für Roboter sind China, Korea, Japan, die Vereinigten Staaten von Amerika und Deutschland. Der Einsatz von Robotern erfordert immer die Integration des Roboters mit weiteren Komponenten wie z. B. Endeffektoren, Hilfsmitteln zum Materialtransport, Sicherheitseinrichtungen und Vorrichtungen. Hierbei entstehen wesentliche Kosten. Der Einsatz von Industrierobotern wird durch neue technische Entwicklungen und der daraus resultierenden steigenden Leistungsfähigkeit und aufgrund des wachsenden Fachkräftemangels für viele Applikationen immer Erfolg versprechender.

1.1 Automatisierung in der Produktion

Seit der Vorstellung des ersten Industrieroboters in den 1960er-Jahren haben sich Industrieroboter zu einem wesentlichen Treiber der industriellen Produktion entwickelt [2]. Industrieroboter sind dem menschlichen Arm nachempfunden und als Universalmaschinen ausgeführt. Mit ihrer Hilfe lassen sich eine große Anzahl von repetitiven Fertigungsprozessen [3] automatisch und ohne den Einsatz von menschlichen Werkern ausführen. Bei der Mehrzahl der Anwendungen stehen für den Einsatz von Industrierobotern zwei maßgebliche Ziele im Zentrum: erstens die wirtschaftliche Rationalisierung durch Automatisierung der

A. Pott und T. Dietz, *Industrielle Robotersysteme*,
https://doi.org/10.1007/978-3-658-25345-5_1

Produktionsprozesse und zweitens das Erreichen einer konstanten, hohen Qualität der Produkte, die nicht von einer schwankenden Leistungsfähigkeit der Werker beeinflusst wird. Diese roboterbasierte Automatisierung der Produktion ist besonders eindrucksvoll in der nahezu vollständig mit Industrierobotern umgesetzten Produktion von Rohbaukarosserien im Automobilbau. Der Automobilrohbau setzt dabei den Maßstab bezüglich der Automatisierung der Produktion für andere Industriezweige.

Im Jahr 2016 waren weltweit ca. 1,83 Mio. Industrieroboter im Einsatz [4]. Nach Schätzungen der International Federation for Robotics (IFR) werden in den folgenden drei Jahren weitere 1,2 Mio. neue Roboter produziert, ausgeliefert und in Fabriken installiert. Dies entspricht derzeit einer Wachstumsrate von ca. 14 % pro Jahr. Neben der bereits genannten Automobilbranche, die mit ihrer Zuliefererindustrie der derzeit größte Abnehmer von Industrierobotern ist, kommen Roboter auch in der Elektro- und Metallindustrie sowie der Chemie- und Lebensmittelindustrie zum Einsatz. Traditionell werden Industrieroboter als wesentliches Produktionsmittel in Hochlohnländern gesehen, da das Rationalisierungspotenzial aufgrund der hohen Kosten für Arbeit dort besonders groß ist. Roboter sind auch bei geringeren Lohnkosten ein effektives Mittel für die Rationalisierung. Daher ist China zum größten Absatzmarkt von Robotern geworden. Unter den fünf größten Abnehmern von Industrierobotern folgen in absteigender Reihenfolge: Südkorea, Japan, die Vereinigten Staaten von Amerika und Deutschland.

1.1.1 Definition Industrieroboter

Ein Industrieroboter ist nach der ISO 8373 [5] ein programmierbarer Manipulator mit mindestens drei Freiheitsgraden für die industrielle Anwendung (Abb. 1.1). Der typische Industrieroboter ist der Vertikalknickarmroboter, der etwa zwei Drittel des Roboterbestands ausmacht und vor allem durch den weiten Einsatz im Bereich des automobilen Rohbaus bekannt ist.

Der Aufbau des Roboters (Abb. 1.1) wird sprachlich mit dem menschlichen Arm assoziiert. Dies zeigt sich sowohl im kinematischen Aufbau als auch in den Bezeichnungen der Baugruppen. Ein Roboter stützt sich auf einen *Fuß* bzw. eine *Basis,* mit der er am Boden, an der Decke, an der Wand oder an Stahlbaugestellen festgeschraubt ist. Bei Industrierobotern kommen überwiegend *Drehgelenke* mit jeweils einem Freiheitsgrad zum Einsatz, die die aufeinanderfolgenden Segmente beweglich miteinander verbinden. Die kinematische Kette eines Roboters wird als *Arm* bezeichnet, wobei bei einem Knickarmroboter die drei kompakten Gelenke am Ende des Arms *Handgelenk* genannt werden. An das Handgelenk wird über einen *Flansch* der sogenannte *Endeffektor* angeschraubt, der den eigentlichen Fertigungsprozess des Roboters ausführt.

Der Roboter dient als Manipulator zur Ausführung einer in einem *Roboterprogramm* definierten Bewegung. Die so definierte Bewegung bezieht sich auf einen speziellen Punkt, den man als *Werkzeugmittelpunkt* oder *Tool Center Point* (TCP) bezeichnet. Die Abkürzung

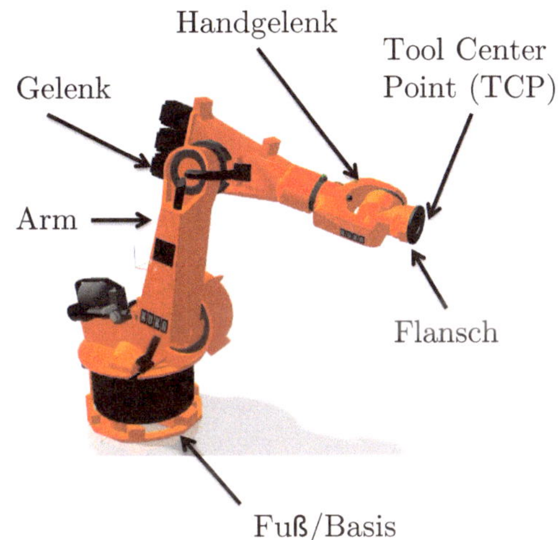

Abb. 1.1 Terminologie für die wesentlichen Bauteile eines Roboterarms

TCP ist in der Robotik überaus verbreitet und wird daher auch im Folgenden durchgehend verwendet. Da die meisten Roboter sowohl translatorische Bewegungen als auch Rotationen mit ihrem Endeffektor ausführen können, muss die Beschreibung der Bewegung sowohl Position als auch Orientierung beinhalten. In der Robotik versteht man daher unter dem TCP im Allgemeinen die Position und Orientierung des *Koordinatensystems* am Roboterflansch, obwohl die Abkürzung TCP nur von einem Punkt spricht. Die Kombination von Position und Orientierung wird auch als *Pose* des Roboters bezeichnet.

Der besondere Nutzen von Robotern ergibt sich daraus, dass die Bewegung des Roboters durch ein *Roboterprogramm* frei definiert werden kann. Damit lassen sich auf einem Roboter praktisch beliebig viele verschiedene Bewegungen ausführen. Im Gegensatz zu vielen anderen Produktionsmitteln, bei denen die Bewegung bzw. der Prozess durch ihre Konstruktion fest vorgegeben ist, lassen sich Roboter durch eine kleine Änderung der Software an eine Vielzahl verschiedener Aufgaben anpassen. Dies kann in Form von starren Programmwechseln erfolgen, bei denen der Roboter zwischen festen Programmen für Bauteil A und Bauteil B umschaltet. Diese Form des Rüstens erfolgt bei einem Roboter auf Knopfdruck bzw. auf Anforderung des Leitsystems und macht den Roboter zu einem wesentlichen Befähiger in einer variantenreichen und flexiblen Produktion. Durch den Einsatz von Sensoren lassen sich Roboter heute sogar ad hoc programmieren, d. h. der Roboter kann innerhalb seines Arbeitszyklus anhand von Sensoren sein Verhalten an jedes Bauteil anpassen. Dies ist nützlich, z. B. um Toleranzen zu kompensieren und Fertigungsprozesse für jedes Bauteil einer Serie zu adaptieren. Diese Form des Eingriffs in bereits laufende Prozesse zusammen mit der großen Spanne der möglichen Veränderungen ist der Grund, warum Roboter heute als maßgeblicher Bestandteil der digitalisierten Produktion gesehen werden.

Neben dem weitverbreiteten Vertikalknickarmroboter gibt es eine Reihe verschiedener Ausführungen (Tab. 1.1). Horizontalknickarmroboter, Vertikalknickarmroboter und Portalroboter bilden die vorherrschenden Bauformen. Roboter können auch aus Gelenkmodulen

Tab. 1.1 Automatisierungskomponente Industrieroboter

Kriterium	Industrieroboter					Module	Kleinroboter	
Kinematik	Horizontaler Knickarm	Portalroboter		Vertikal Knickarm		Gelenk-module	Leichtbau Roboter	Sicherer Roboter
Traglast	<10	<50	<500	<10	<200	5[a]	7	4
DOF	4–5	3–6		5–6	6	2–7	7	6
Wiederholgenauigkeit [mm]	0,01	0,1	0,3	0,02	0,05	0,1	0,05	0,05
Sensorführung	+	+		+		○	+	○
Typische Reichweite [m]	<1	Var.	2,5	>3	1,5	1,2	0,8	Ca. 1
Kosten [T€]	25	50	100	30	60	5/DOF	80	50
Ausführungsbeispiel	Adept Cobra	Reis RL		ABB IRB140		Schunk ERB 0	Kuka iwaa	Kuka KR5Si

[a] bei 6 DOF

applikationsspezifisch aufgebaut werden. Dabei lässt sich die Baugröße und Anzahl der Freiheitsgrade an die jeweilige Aufgabe anpassen.

Leichtbauroboter wie z. B. von Kuka, Universal Robot und ABB haben häufig einen zusätzlichen Freiheitsgrad und verfügen teilweise über eine integrierte Kraftregelung. Diese erlaubt zum einen, den Roboter durch Handführen zu bewegen und zu programmieren, zum anderen können die vom Roboter ausgeübten Prozesskräfte genau eingestellt werden, um etwa bei Fügeaufgaben eine definierte Kraft aufzubringen.

Sogenannte *sichere Roboter* sind notwendig, wenn bei dem Aufbau der Roboterzelle auf eine trennende Schutzeinrichtung wie einen Schutzzaun verzichtet werden soll. Um dies zu erreichen, gibt es Sonderausführungen, die z. B. mittels steuerungstechnischer Verfahren die vom Roboter ausgehende Gefahr vermindern oder die durch eine gepolsterte Oberfläche die Folgen einer Kollision zwischen Mensch und Roboter reduzieren. Solche Schaumstoffschichten können zusätzlich mit Sensoren ausgestattet sein, um den Roboter im Fall des Kontakts mit einem Menschen stillzusetzen. Die Gewährleistung der Personensicherheit ist bei Robotern relevant und wird in Kap. 9 behandelt.

Die Kosten von Robotern sind ein wesentlicher Einflussfaktor für die Bewertung der Wirtschaftlichkeit. Als grober Anhaltswert kann von Kosten von 20.000 € bis 60.000 € für einen konventionellen Industrieroboter ausgegangen werden. Sonderausführungen wie manche Leichtbauroboter können bei Preisen von 80.000 € bis 100.000 € liegen. Eher einfache Roboter wurden jüngst in einem Kostenbereich von 10.000 € bis 25.000 € angekündigt. Diese Zahlen basieren auf dem Listenpreis der Roboter. Preisnachlässe sind üblich und orientieren sich an der Auslastung der Hersteller sowie an den Abnahmemengen.

Es ist zu beachten, dass Roboter aufgrund ihrer definitionsgemäßen Universalität im rechtlichen Sinne unvollständige Maschinen sind. Für den Einsatz muss der Roboter mit Peripheriekomponenten, Werkzeugen, Vorrichtungen, Fördertechnik und anderen Robotern zu einer Maschine, dem sogenannten *Robotersystem,* einer *Roboteranlage* bzw. der Roboterzelle (Abb. 1.2 zeigt ein Beispiel), integriert werden. Wie im Rahmen dieses Buches näher ausgeführt wird, entstehen bei dieser Integration maßgebliche Aufwände.

1.1.2 Investitionskosten

Da die meisten Roboter zur Rationalisierung der Produktionskosten eingesetzt werden, spielt die Relation zwischen den Kosten der Automatisierung mit Robotern und den Kosten für manuelle Arbeit eine Rolle. Ein Überblick über die Entwicklung von Lohnkosten und Roboterpreisen ist in Abb. 1.3 dargestellt. In der Abbildung sind die Preise auf das Niveau von 1990 normiert. Im dargestellten Zeitraum haben sich die Kosten für manuelle Arbeit um ca. 40 % erhöht. Gleichzeitig sind die Kosten für Industrieroboter um 40–50 % gefallen. Zusätzlich zu dieser inflationsbereinigten Kostenreduktion sind neuere Industrieroboter in Bezug auf ihre Leistungsdaten wesentlich verbessert worden. Zu der erheblichen Leistungssteigerung der verwendeten Computer kommen auch Verbesserungen der Genauigkeit,

Abb. 1.2 Roboteranlage mit vier Industrierobotern

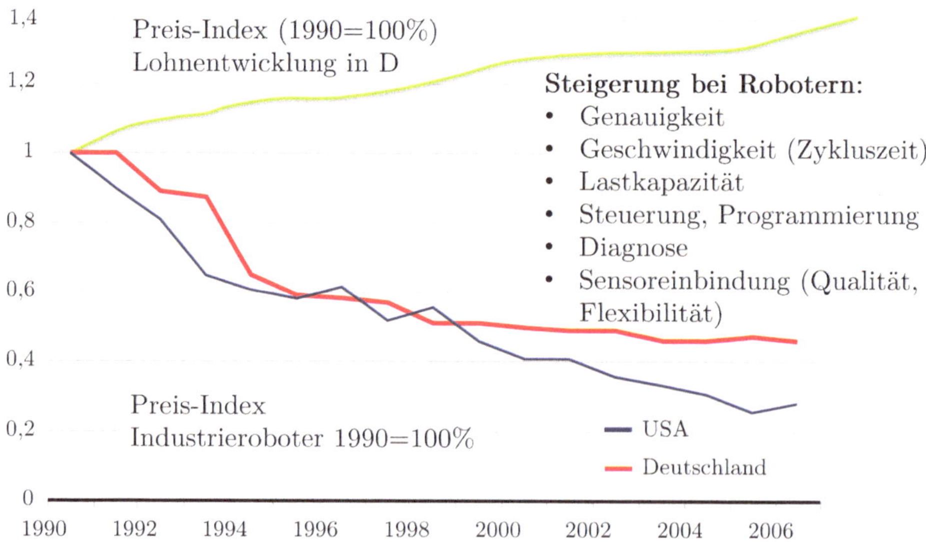

Abb. 1.3 Entwicklung der Lohnkosten und der Investitionskosten für einen Roboter bezogen auf Preise des Jahres 1990

der Geschwindigkeit, der Energieeffizienz und neue Möglichkeiten der Sensorintegration. Fehler lassen sich aufgrund von verbesserter Diagnosefähigkeit schneller beheben und Sensoren können immer einfacher integriert werden und erlauben es dem Roboter, auf seine Umwelt und deren Abweichungen zu reagieren. Dies ermöglicht, Roboter für bislang nicht automatisierte Prozesse einzusetzen. Einerseits macht der zunehmende Abstand zwischen den Kosten von manueller Arbeit und Robotern die Automatisierung wirtschaftlicher.

Andererseits können heute mit neueren Robotern Aufgaben prozesssicher umgesetzt werden, für die es vor einigen Jahren noch keine anwendbaren Lösungen gab. Daher ist die Bewertung einer Automatisierung in der Produktion regelmäßig zu überprüfen, wobei Abstände von fünf bis zehn Jahren sinnvoll erscheinen.

Im Folgenden werden am Beispiel einer einfachen Roboterzelle die Investitionskosten für diese aufgeführt. Ein typischer Knickarmroboter mit Steuerung kostet zwischen 20.000 € und 60.000 €. Kleine Leichtbauroboter sind für Listenpreise zwischen 20.000 € und 30.000 € verfügbar. Da Portalroboter in der Regel viel größer sind, muss man für deren Mechanik etwa 250.000 € zuzüglich der Kosten für die Steuerung rechnen. Die Hauptteile der Kosten für eine schlüsselfertige Roboterzelle entstehen bei der Integration mit den notwendigen Erweiterungen: für den Endeffektor, die automatisierte Ein- und Ausschleusung, die Sicherheitseinrichtung, die Programmierung sowie Konzeption, Engineering und Dokumentation. Ein guter Anhaltswert für die Kosten der gesamten Roboterzelle bei Standardanwendungen ist das Vier- bis Fünffache des einzelnen Roboterpreises. Eine detaillierte Betrachtung der Kosten für den Einsatz von Robotern wird in Kap. 8 vorgenommen.

1.1.3 Robotersysteme

Der Roboter an sich ist nur eine Komponente einer *Roboterzelle* (Abb. 1.4), wobei die Begriffe Roboterzelle und *Robotersystem* synonym verwendet werden. Im Zentrum der Roboterzelle steht der bloße Industrieroboter als Kernkomponente. Dazu kommt ein Endeffektor, der als Werkzeug am Roboterflansch angebracht ist und damit Bauteile bewegt, handhabt oder misst sowie Werkstücke bearbeitet, schweißt oder lackiert. Zu dem Roboter gehört weiterhin die Steuerungstechnik, die erforderlich ist, um den Roboter zu betreiben. Bei einfachen Endeffektoren wie Greifern wird die Funktion des Werkzeugs direkt von der

Abb. 1.4 Aufbau einer typischen Roboterzelle

Robotersteuerung betrieben. Komplexe Endeffektoren benötigen eine eigene Steuerung. Damit der automatische Betrieb der Roboterzelle fortlaufend erfolgen kann, werden weitere Komponenten für Zuführungs-, Vereinzelungs- und Bereitstellungseinrichtungen benötigt. Bei der Mehrzahl der heute eingesetzten Roboterzellen ist zusätzliche Sicherheitstechnik erforderlich, die in der Regel aus Zäunen, Türen und Lichtschranken besteht, um den Eintritt von Menschen in die Roboterzelle zu überwachen bzw. zu verhindern. Wenn mehrere Roboter oder Roboterzellen in einer Fertigungslinie eingesetzt werden, übernimmt in der Regel eine speicherprogrammierbare Steuerung (SPS) die Koordination der Abläufe und stellt in der stärker digitalisierten Fertigung die Verbindung zur übergeordneten Leittechnik her.

1.2 Anwendungsbereich

1.2.1 Industrieroboter weltweit

Statistische Zahlen zu Verkauf und Einsatz von Robotern werden jährlich von der IFR (International Federation of Robotics) in ihrem World Robotics Report für Industrieroboter und Serviceroboter herausgegeben [4]. Abb. 1.5 zeigt die Anzahl ausgelieferter Industrieroboter bis 2016 und eine Schätzung der zukünftigen Entwicklung. Abb. 1.6 stellt die zeitliche Entwicklung der geschätzten Anzahl betriebener Industrieroboter dar. Anhand dieser Zahlen lässt sich die deutsche und auch europäische Stellung im Markt gut ablesen.

Im Jahr 2016 waren in Deutschland ca. 189.000 Industrieroboter im Einsatz. Europaweit wurde die Zahl der Industrieroboter für das selbe Jahr auf ca. 460.000 Stück geschätzt. Der

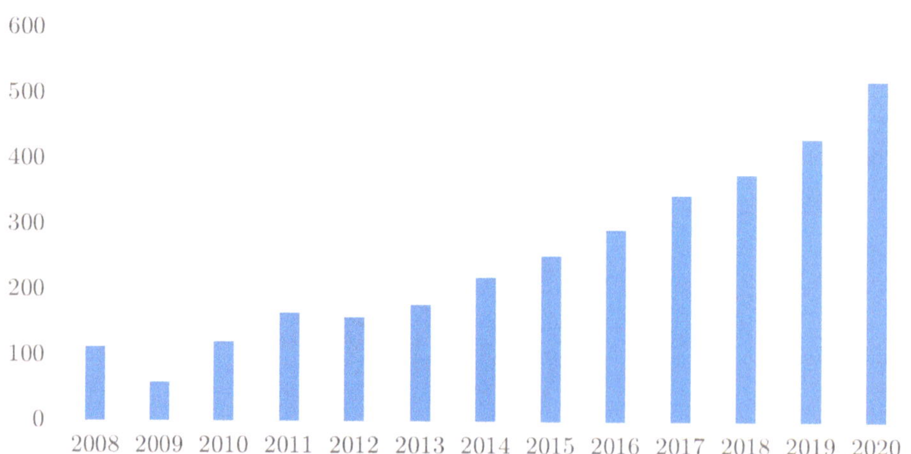

Abb. 1.5 Ausgelieferte Industrieroboter in Tausend Einheiten für 2008–2016 sowie Schätzungen bis 2020. (Eigene Darstellung nach Daten der IFR)

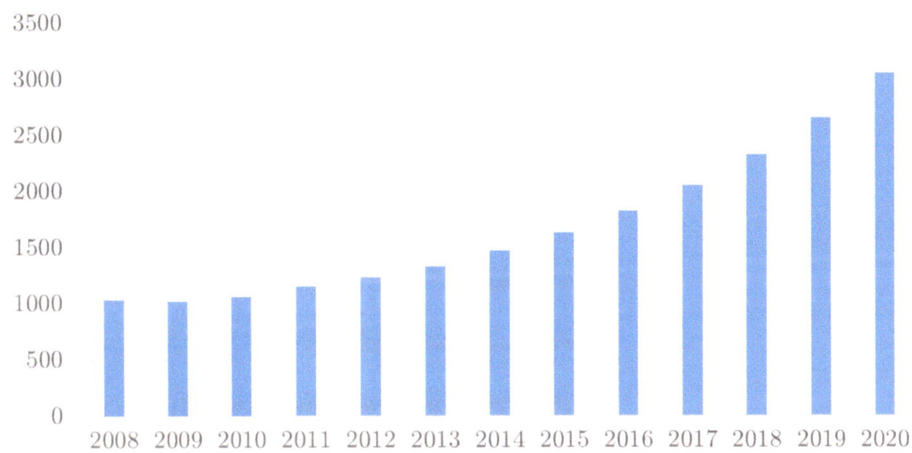

Abb. 1.6 Geschätzter weltweiter Bestand an Industrierobotern in Tausend Einheiten. (Eigene Darstellung nach Daten der IFR)

große Anteil an Industrierobotern in Deutschland resultiert aus dem Volumen der Volkswirtschaft, die im Vergleich mit den anderen großen europäischen Volkswirtschaften einen ausgeprägten industriellen Sektor aufweist. Darüber hinaus ist die in Deutschland starke Automobilindustrie ein wichtiger Treiber beim Einsatz von Industrierobotern. Die übliche Einschätzung, in Asien würde vor allem aufgrund der geringeren Lohnkosten manuell produziert, ist in Bezug auf absolute Zahlen falsch. In Asien kommen wesentlich mehr Industrieroboter zum Einsatz und in China, Japan und Korea werden jeweils mehr Industrieroboter eingesetzt als in Deutschland. Der Schwerpunkt des Einsatzes von Robotern liegt also außerhalb von Europa. In absoluten Zahlen ist auch der Einsatz von Industrierobotern in den Vereinigten Staaten von Amerika erwähnenswert, allerdings liegt die Anzahl von Industrierobotern pro 10.000 Werkern mit 189 deutlich hinter Deutschland, wo 309 Roboter auf 10.000 Werker kommen. Die weltweit höchste Roboterdichte wird in Südkorea mit 631 Robotern pro 10.000 Werkern erreicht.

In Deutschland wurden im Jahr 2016 rund 20.000 Industrieroboter verkauft. In Asien waren es mit 190.000 Stück fast zehnmal so viele. Die Schätzung der IFR bis 2020 geht für Deutschland von einem jährlichen Verkauf von 25.000 Stück aus. Der Verkauf von Robotern in den Jahren 2014 bis 2016 ist in Abb. 1.7 nach Branchen aufgegliedert dargestellt. In Europa und speziell in Ländern wie Deutschland, Italien und Frankreich wird die Mehrzahl der Roboter in der Automobilindustrie eingesetzt. Dies umfasst neben den Automobilherstellern auch deren zahlreiche Zulieferfirmen. In Asien kommen zusätzlich viele Roboter in der Elektronik- und Elektroindustrie zum Einsatz. Darauf folgen Anwendungen in der Metallindustrie, der chemischen Industrie sowie der Kunststoff- und Gummiherstellung. Für die Verarbeitung und Verpackung von Lebensmitteln hat sich eine eigene

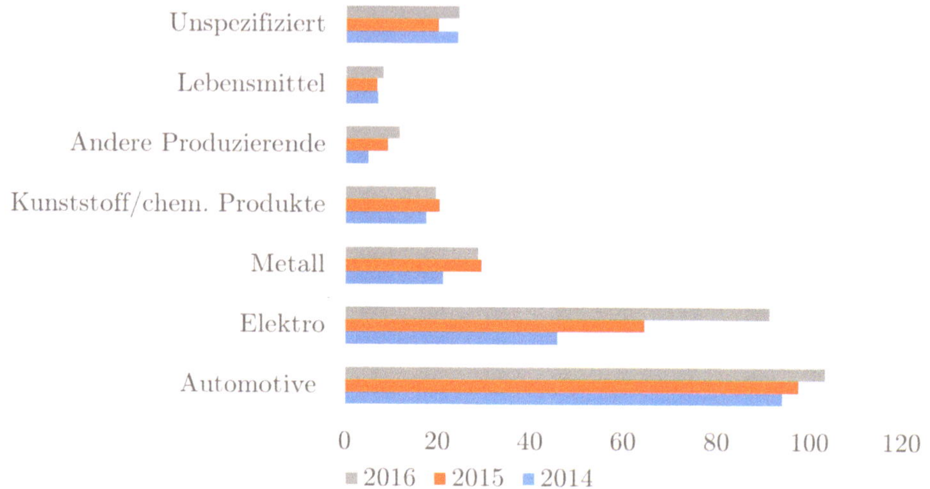

Abb. 1.7 Weltweit verkaufte Roboter in Tausend Einheiten, aufgeteilt nach den wichtigsten Branchen. (Eigene Darstellung nach Daten der IFR)

Produktfamilie von Robotern herausgebildet, die eigens für den Umgang mit Lebensmitteln entwickelt wurde und die zusätzlich hygienische Anforderungen erfüllt. Diese Spezialisierung auf neue und aufstrebende Marktsegmente ist typisch für die Entwicklung in der Robotik der letzten Jahre. Infolgedessen nimmt die Dominanz der Automobilindustrie für die Robotik ab.

Es gibt keine allgemeingültigen Aussagen zur Lebensdauer von Robotern, da der Verschleiß von der Anwendung abhängig ist. Industrieroboter sind wie andere Produktionsmittel für den Dauereinsatz im Mehrschichtbetrieb ausgelegt. Bei bestimmungsgemäßer Nutzung und Instandhaltung geht die IFR von ca. zwölf Jahren Lebensdauer für einen Industrieroboter aus. Versorgungsleitungen des Werkzeugs, die am oder im Roboter verlegt sind, werden stark belastet und können einen vorzeitigen Ausfall verursachen.

1.2.2 Potenziale und Hemmnisse

Vor dem Hintergrund der oben genannten Zahlen und Fakten stellt sich die Frage, warum nicht die gesamte Produktion bereits mit Robotern automatisiert wurde. Trotz aller Vorteile von Industrierobotern gibt es Grenzen für ihren Einsatz, die sich grob in zwei Klassen teilen lassen: zum einen organisatorische Hemmnisse und zum anderen technische Limitierungen.

Bezüglich der organisatorischen Fragen wurde vom Fraunhofer ISI eine Umfrage zum Einsatz von Robotern bei kleinen und mittelständischen Unternehmen (kmU) in Europa durchgeführt [6] (Abb. 1.8). Dabei gaben 56 % der Unternehmen an, bisher weder Roboter

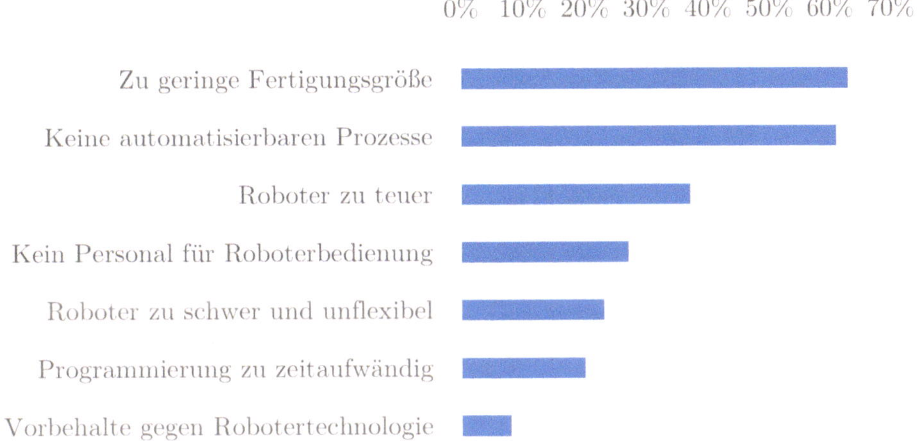

Abb. 1.8 Hemmnisse für den Robotereinsatz bei kleinen und mittleren Unternehmen. (kmU, nach Kinkel et al. [6])

einzusetzen noch deren Einsatz zu planen. Als wichtigste Gründe für diese Haltung wurden angeführt, dass die Losgrößen für eine Automatisierung zu klein sind (63 %), die Prozesse für die Automatisierung ungeeignet sind (61 %) und die Automatisierung zu teuer ist (37 %). Nur eine kleine Minderheit von Unternehmen lehnt den Einsatz von Robotern aufgrund von Vorbehalten (8 %) oder schlechten Erfahrungen (4 %) ab. Weitere Aspekte, die bei kleinen Firmen dem Einsatz von Robotern entgegenstehen können, sind ein Mangel an geeignetem Personal, das die Industrieroboter bedienen kann, mangelnde Flexibilität der Industrieroboter sowie zu großer Aufwand für die Programmierung der Roboter.

Zweifellos gibt es Prozesse, die sich heute gar nicht oder zumindest nicht wirtschaftlich automatisieren lassen. Dennoch wird das Potenzial zur Automatisierung mit Industrierobotern häufig von den Entscheidungsträgern zu pessimistisch beurteilt, so dass in der Produktion vorhandene Potenziale ungenutzt bleiben.

Den organisatorischen Fragen stehen technische Aspekte gegenüber. Ein Überblick über die wichtigsten Kriterien für die Möglichkeit des Robotereinsatzes ist in Abb. 1.9 dargestellt. Die Tabelle zeigt auf, nach welchen Gesichtspunkten der Einsatz von Robotern erwogen werden sollte.

Bei den meisten Vorhaben zur Automatisierung steht die Rationalisierung im Vordergrund, d. h. die Kostenreduktion durch Einsparung von Personal. Wie viel Personal durch einen Roboter potenziell eingespart werden kann, hängt vom *Schichtmodell* ab. Daher ist das Schichtmodell das erste und wichtigste Kriterium. Die Spanne reicht von einer werktäglichen Produktion in einer Schicht (8/5) über die Produktion in zwei und drei Schichten wochentags bis hin zu einer Produktion rund um die Uhr und am Wochenende (24/7). Die Anzahl der durch eine Automatisierung eingesparten Arbeitskräfte ist mit Blick auf die

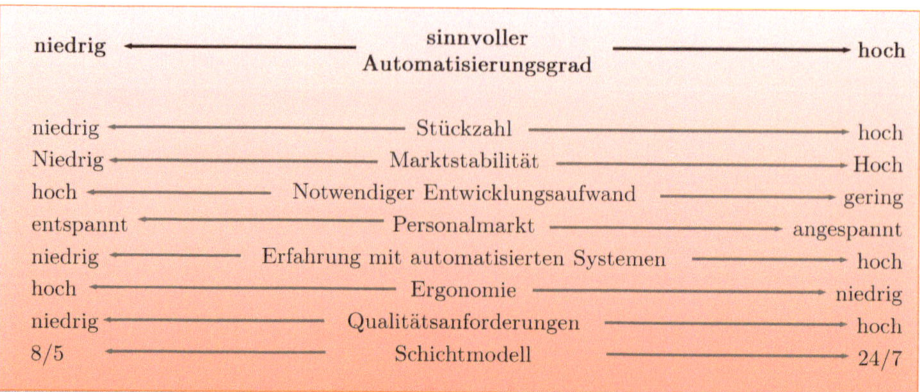

Abb. 1.9 Die wesentlichen Kriterien für die Wahl des richtigen Automatisierungsgrads

Amortisation eines Automatisierungsprojekts in der Regel der größte Kostenfaktor und liegt typischerweise zwischen eins und sieben. Eine detaillierte Beschreibung zur Untersuchung der Wirtschaftlichkeit von Robotern findet sich in Kap. 8.

Der zweite wichtige Faktor ist die zu produzierende *Stückzahl.* Je größer die Anzahl gleicher Produkte ist, umso eher lohnt sich der Einsatz von Robotern. Dabei ist zu berücksichtigen, ob und wie viele Produktvarianten es gibt. Mit der Stückzahl ist die *Marktstabilität* verbunden, welche beschreibt, ob die Stückzahl gesichert und in gleichbleibender Höhe abgenommen wird. Dagegen sind saisonale Schwankungen ebenso hinderlich wie Änderungen der Absatzmenge während des Lebenszyklus des Produkts. Für Investitionen in die Optimierung einer bereits laufenden Produktion werden in der Regel Amortisationszeiten von weniger als 24 Monaten angesetzt. In dieser Zeit sollte der Markt hinreichend stabil sein, um eine automatisierte Anlage auszulasten.

Bei der vorläufigen Abschätzung der Investitionskosten für ein Robotersystem muss beurteilt werden, wie groß der applikationsspezifische *Entwicklungsaufwand* ist. Bereits weit verbreitete Roboterprozesse wie das Punktschweißen oder das Entladen von Maschinen, lassen sich ohne zusätzliche Kosten für eine Prozessentwicklung und ohne relevante Risiken umsetzen. Die Beurteilung des Entwicklungsaufwands kann eine komplexe Aufgabe sein und wesentliche Teile dieses Buchs beschäftigen sich mit den Faktoren, die dies beeinflussen.

Neben den mittels Robotereinsatz erzielbaren Einsparungen durch Rationalisierung ist auch die Erfüllung der *Qualitätsanforderungen* an die Produkte zur Bewertung des Nutzens von Roboteranlagen ausschlaggebend. Wenn ein Roboter prozesssicher eingesetzt werden kann, führt dies normalerweise dazu, dass eine gleichmäßig hohe Qualität ausgebracht werden kann, die weniger von externen Faktoren abhängt. Menschliche Werker unterliegen dagegen stärkeren Schwankungen über dem zeitlichen Verlauf einer Schicht und machen mehr Fehler bei Routineaufgaben.

Der *Personalmarkt* ist in vielen Bereichen ein nicht zu unterschätzender Faktor geworden, der jüngst stark mit dem Begriff des Fachkräftemangels verknüpft wird. Für manche

Prozesse, wie zum Beispiel beim Schweißen, ist der Markt für Fachkräfte derart angespannt, dass Entscheidungen für eine Automatisierung allein deswegen getroffen werden, weil kein Personal für die manuelle Ausführung verfügbar ist. Die *Ergonomie* bei der Ausführung der Arbeitsinhalte rückt ebenfalls verstärkt in die Aufmerksamkeit der Unternehmen. Bei manchen Arbeitsstationen werden Werker ungünstigen Körperhaltungen oder potenziell gesundheitsschädlichen Umwelteinflüssen ausgesetzt. Je nach Häufigkeit und Intensität der Exposition sind diese Arbeiten nur unbeliebt oder gar Gegenstand von gesetzlichen Regulierungen. Beispiele für ergonomisch problematische Arbeitsplätze sind das Heben und Tragen schwerer Lasten in der Logistik, die Montage über Kopf sowie die Arbeit in lauten, staubigen oder heißen Umgebungen.

Schließlich ist die bisherige *Erfahrung mit automatisierten Systemen* ein potenzieller Faktor, wenn die Einführung von Robotersystemen die Einstellung oder Weiterbildung von Facharbeitern notwendig macht.

Aus wirtschaftlicher Sicht stellen Robotersysteme insbesondere bei mittleren Stückzahlen eine optimale Lösung im Vergleich zur manuellen Produktion und hoch spezialisierten Transfersystemen dar (Abb. 1.10). Durch die hohe Universalität sind Robotersysteme in der Regel besser rekonfigurierbar als Transfersysteme, erzielen aber gegenüber der manuellen Produktion erhebliche Einsparungen durch Rationalisierung. Durch die technische Entwicklung und Marktentwicklung werden Robotersysteme dabei immer günstiger und flexibler und damit für neue Prozesse einsetzbar.

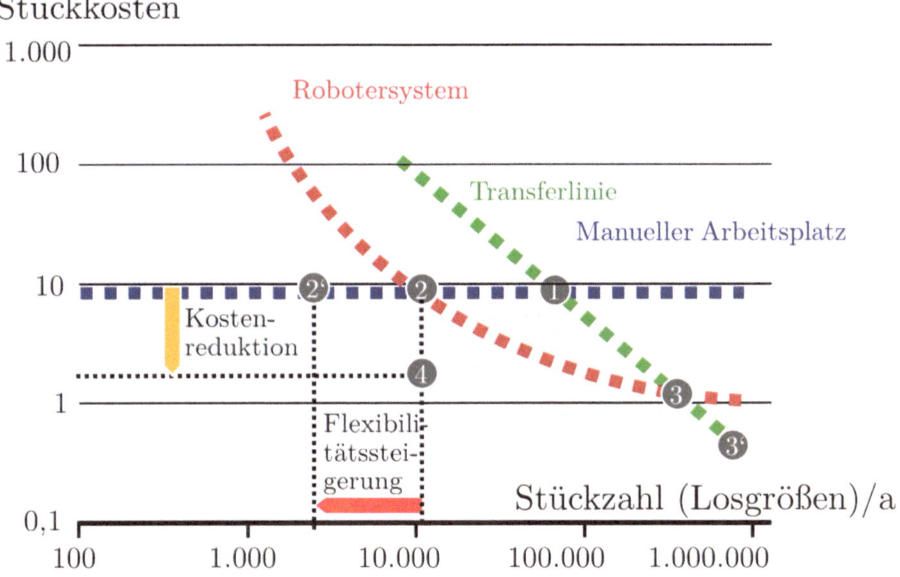

Abb. 1.10 Vergleich der Wirtschaftlichkeit von automatisierter Produktion nach Stückzahl und Stückkosten

1.3 Beispielapplikationen und Überblick

Als durchgängiges Beispiel wird in diesem Buch eine Anwendung aus der Handhabungstechnik herangezogen. Dabei wird die Zuführung von ungeordneten Wellenrohlingen in eine Schmiedepresse betrachtet (Abb. 1.11). Die Bereitstellung erfolgt in Form von Gitterboxen, in denen die Bauteile ungeordnet liegen. Von den Wellenrohlingen gibt es mehrere Varianten, die sich in Größe und Anzahl der Absätze unterscheiden. Die gewünschte Taktzeit beträgt 10 s und die Bauteile haben ein Gewicht von 8 bis 20 kg. Eine manuelle Handhabung ist bei diesem Gewicht möglich, aber sowohl bezüglich der zu transportierenden Masse je Schicht als auch bezüglich der ungünstigen Körperhaltung beim Greifen in die Kiste unergonomisch. Die Fertigung erfolgt im Drei-Schicht-Betrieb.

Anhand dieser Beispielanwendung werden typische Fragen an die Konzeption einer Roboterlösung dargestellt. Welche Roboter können eingesetzt werden, wie wird der Greifer gestaltet, wie wird das Sensorsystem ausgewählt und integriert? Wie ist die Sicherheit zu beurteilen und wie läuft ein typisches Projekt zur Umsetzung ab?

Die folgenden Kapitel dieses Buchs schließen sich an diese Fragen aus dem Beispiel an. In den folgenden Kap. 2, 3 und 4 werden zunächst die wichtigsten Hardware-Komponenten vorgestellt. Dazu gehören der Roboter sowie der Endeffektor und die Steuerung. Um den Roboter zur Ausführung der Produktionsaufgabe zu befähigen, muss dieser programmiert werden (Kap. 5). Im Anschluss werden die unterschiedlichen Phasen des Lebenszyklus von Robotersystemen in Kap. 6 sowohl aus planerischer (Kap. 7) als auch aus Sicht der Investitionskosten (Kap. 8) betrachtet. Hinweise zu gesetzlichen Vorgaben bezüglich Robotersicherheit und Arbeitsschutz werden in Kap. 9 behandelt. Das Buch schließt mit einer Zusammenfassung der wesentlichen Inhalte sowie einem Ausblick auf zu erwartende Entwicklungen ab.

Abb. 1.11 Beispielanwendung: Zuführung von Wellenrohlingen in eine Presse mittels des Griff-in-die-Kiste

Das Buch gibt eine Einführung in alle Aspekte der industriellen Robotik, richtet sich vornehmlich an Entscheider und soll das notwendige Wissen zur strategischen Positionierung bei der roboterbasierten Automatisierung vermitteln.

Eine wissenschaftlich und inhaltlich tiefergehende Einführung in die Robotik bietet das „Handbook of Robotics“ [2]. Für tiefer- und weitergehende Information zur Automatisierung im Allgemeinen sei auf das „Springer Handbook of Automation“ [7] verwiesen.

Literatur

1. Brecher C (Hrsg) (2011) Integrative Produktionstechnik für Hochlohnländer. Springer, Berlin
2. Siciliano B, Khatib O (Hrsg) (2008) Springer handbook of robotics. Springer, Berlin
3. Westkämper E, Warnecke H-J (2010) Einführung in die Fertigungstechnik. Springer Vieweg, Wiesbaden
4. IFR Statistical Department (2017) World Robotics 2017 – Industrial Robots. International Federation for Robotics
5. DIN EN ISO 8373:2010-11 (2010–2011) Manipulating industrial robots – Vocabulary
6. Beckert B, Buschak D, Graf B, Hägele M, Jäger A, Moll C, Schmoch U, Wydra S (2016) Automatisierung und Robotik-Systeme: Studien zum deutschen Innovationssystem. Bericht No. 11-2016, Fraunhofer-Institut für System- und Innovationsforschung (ISI)
7. Nof SY (Hrsg) (2009) Springer handbook of automation. Springer, Berlin

Typen und Einsatzbereiche von Industrierobotern 2

Zusammenfassung
Der Industrieroboter ist die zentrale Komponente einer Roboterzelle. Da der Roboter seitens der Hersteller als Universalmaschine entworfen und produziert wird, ist bei der Einsatzplanung eine Auswahl aus den verfügbaren Robotermodellen zu treffen. Bei einigen Bauformen von Portalrobotern, modularen Gelenken und einigen parallelen Robotern können auch applikationsspezifisch konfigurierte Roboter zum Einsatz kommen. Dagegen sind für typische Produktionsaufgaben die Entwicklungsaufwände für einen neuen Roboterarm ökonomisch nicht zu rechtfertigen. Eine der Stärken von Industrierobotern besteht gerade darin, dass diese als Katalogprodukte nach definierten Standards und Leistungsdaten verfügbar sind. Die unterschiedlichen Bauformen von Robotern eignen sich aufgrund ihrer spezifischen Eigenschaften für verschiedene Arten von Anwendungen. Vorherrschend sind dabei mit großem Abstand die Vertikalknickarmroboter. Portalroboter werden häufig zur Versorgung von Maschinen eingesetzt. Parallelroboter sind insbesondere in der Handhabung in der Verpackungstechnik verbreitet. Die wichtigsten Eigenschaften von Robotern sind deren Steuerungsfunktionen, Beweglichkeit, Arbeitsraum, Traglast, Bewegungsdynamik, Zugänglichkeit, Genauigkeit und Steifigkeit.

2.1 Bauformen

Industrieroboter werden anhand ihrer Kinematik unterschieden. Gelenke lassen sich kinematisch auf vielfältige Weise zu Roboterarmen konfigurieren. In der Praxis haben sich jedoch nur wenige Bauformen durchgesetzt. Mit etwa 95 % machen die sogenannten *seriellen Roboter* den größten Anteil der Industrieroboter aus (Abb. 2.1). Zu diesen gehört der Vertikalknickarmroboter als bekannteste und am weitesten verbreitete Kinematik.

A. Pott und T. Dietz, *Industrielle Robotersysteme*,
https://doi.org/10.1007/978-3-658-25345-5_2

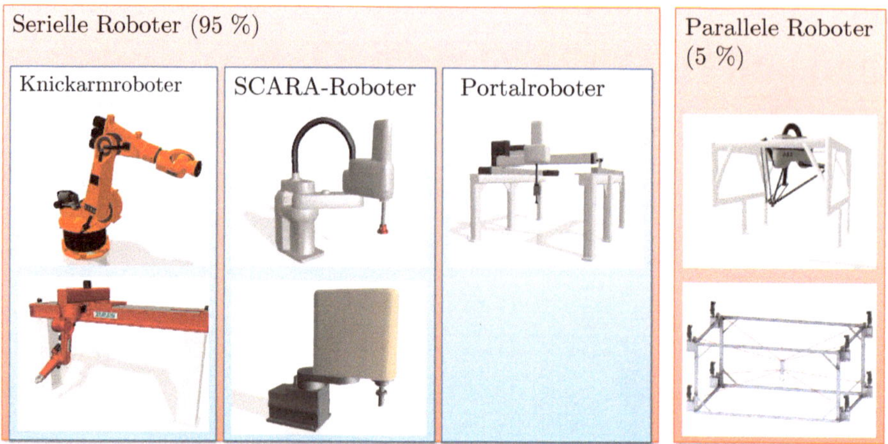

Abb. 2.1 Überblick über die wichtigsten Roboterkinematiken: die vorherrschenden Bauformen serieller Roboter (links) und parallele Roboter am Beispiel des Delta-Roboters und des Seilroboters (rechts)

Die meisten Hersteller von Robotern habe eine große Anzahl verschiedener Knickarmroboter im Angebot. Knickarmroboter werden überwiegend mit sechs angetriebenen Achsen hergestellt. Um die Bewegungsmöglichkeit des Roboters entlang einer Bewegungsrichtung wesentlich zu erweitern, können Knickarmroboter auf einer zusätzlichen Linearachse montiert werden (Abb. 2.2, links). Daraus ergibt sich der Vorteil, dass der Roboter einen automatischen Stationswechsel durchführen kann oder bei der Arbeit an sehr großen Bauteilen die Arbeitsposition ändern kann.

Eine zweite wesentliche Gruppe der Industrieroboter bilden die SCARA-Roboter (Abb. 2.2 rechts). SCARA-Roboter haben mit drei bis vier Freiheitsgraden weniger Antriebe als Vertikalknickarmroboter und lassen daher nur weniger komplizierte Bewegungen zu. Die Abkürzung SCARA steht für *Selective Compliance Assembly Robot Arm,* d.h. die

Abb. 2.2 Typische serielle Roboter: Knickarmroboter auf einer Linearachse (links), Vertikalknickarmroboter (Mitte) und SCARA-Roboter (rechts)

Nachgiebigkeit des Roboters unterscheidet sich stark in den verschiedenen Bewegungsrichtungen. Insbesondere lässt sich die laterale Bewegung durch die Steuerung weich einstellen, sodass sich bei vertikalen Fügeprozessen mit entsprechenden Einführschrägen eine Selbstzentrierung der gefügten Bauteile erreichen lässt. Daher und wegen seiner guten Bewegungsdynamik wird der SCARA-Roboter hauptsächlich für Montage-, Bestückungs- und Handhabungsprozesse eingesetzt. SCARA-Roboter werden überwiegend in kleinen Baugrößen angeboten.

Die dritte Bauart der seriellen Roboter sind die Portal-, Gantry- oder kartesischen Roboter. Die Kinematik dieser Roboter mit drei Freiheitsgraden ist mit der von Werkzeugmaschinen wie Fräsmaschinen vergleichbar. Dabei sind die drei Bewegungsachsen x-y-z senkrecht überlagert, so dass der Endeffektor frei im Raum positioniert werden kann. Sofern die Änderung der Orientierung des Endeffektors benötigt wird, werden weitere Drehachsen als Roboterhandgelenk angebracht.

Eine von den seriellen Industrierobotern deutlich abzugrenzende Bauform bilden die sogenannten *parallelen Roboter* [1], von denen zwei Bauformen in Abb. 2.3 abgebildet sind. Die hier parallel angeordneten Antriebe haben den Vorteil, dass sich Einzelfehler weniger stark kumulieren und dass damit Roboter konfiguriert werden können, die genauer arbeiten als konventionelle Industrieroboter. Weiterhin führen die fachwerkartigen Strukturen zu einer höheren Steifigkeit des Roboters, so dass der Roboter unter Prozesslasten die programmierte Position besser einhält. Da sich dank des parallelen Aufbaus die Antriebe die Last des Endeffektors teilen, kann eine höhere Bewegungsdynamik erzielt werden. Parallele Roboter sind bislang vor allem in Nischenanwendungen zu finden. Der am weitesten verbreitete Vertreter ist der *Delta-Roboter* [2], der zum Beispiel für die Handhabung und Verpackung von Lebensmitteln erfolgreich eingesetzt wird. Eine andere Bauform ist die sogenannte *Stewart-Gough-Plattform,* die als Flugsimulator und hochgenauer Positionierer verwendet wird [3]. Eine vergleichsweise neue Bauform ist der *Seilroboter,* bei dem besonders leichte Seiltriebe die ansonsten starren Strukturen ersetzen [4].

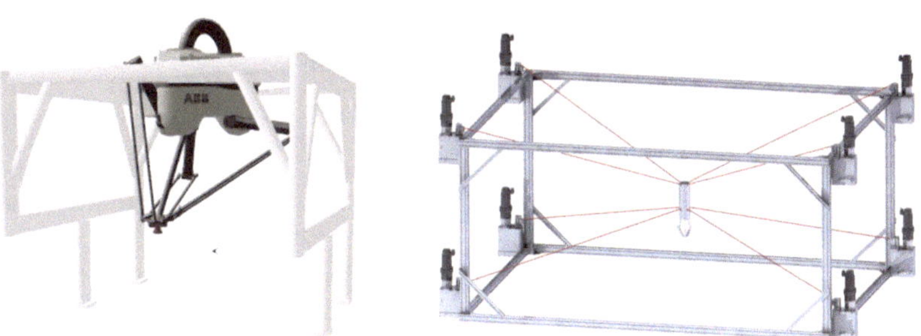

Abb. 2.3 Roboter mit paralleler Kinematik: Delta-Roboter und Seilroboter

2.1.1 Verteilung der Industrieroboter

Weltweit dominieren die (Vertikal-)Knickarmroboter den Markt der Industrieroboter (siehe Abb. 2.4). Mit etwa 67 % kommt diese Bauform am häufigsten zum Einsatz. Darauf folgen mit etwa 19 % die Portalroboter und mit neun Prozent die SCARA-Roboter. Weitere fünf Prozent entfallen auf Sonderbauformen, zu welchen auch die parallelen Roboter zählen.

Die große Anzahl von Bauformen rührt daher, dass mit den Varianten deutliche Vor- und Nachteile einhergehen. Aufgrund dieser Stärken und Schwächen haben sich die Roboter für unterschiedliche Anwendungsgebiete etabliert. Tab. 2.1 zeigt wichtige Eigenschaften

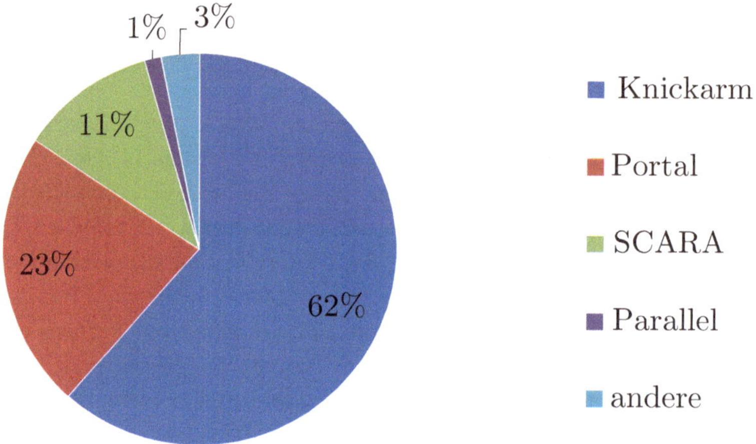

Abb. 2.4 Bauformen von Industrierobotern nach Verkaufszahlen von 2016. (Eigene Darstellung nach Zahlen der IFR 2017)

Tab. 2.1 Überblick über die Stärken und Schwächen der verschiedenen Roboterkinematiken

Serielle Roboter			Parallele Roboter
Knickarm	SCARA	Portal	
• Gute Zugänglichkeit und Beweglichkeit	• Eingeschränkte Beweglichkeit mit 3 oder 4 Freiheitsgraden	• Sehr große Bewegungen	• Hohe Steifigkeit
• Mäßige Absolutgenauigkeit	• Kleiner Arbeitsraum	• Hohe Nutzlasten	• Hohe Genauigkeit
• Kleine bis große Nutzlasten	• Kleine Nutzlasten	• Maschinenbestücken, Pick-and-Place, Regalbediengerät, Kommissionieren	• Sehr hohe Dynamik
• Typische Prozesse: Schweißen, Kleben, Handhaben	• Typische Prozesse: Montage, Pick-and-Place		• Einsatz: Pick-and-Place, Sondermaschinen

der oben aufgeführten Bauformen im Vergleich. So hat der Knickarmroboter durch seine armartige Struktur den Vorteil, dass er eine sehr gute Zugänglichkeit bietet und dank seiner anthropomorphen Kinematik in für Menschen gebauten Arbeitsumgebungen am besten agieren kann. Bei für Menschen gestalteten Arbeitsplätzen können in der Regel alle relevanten Prozessstationen von einer zentralen Position aus erreicht werden. Wird nun ein Knickarmroboter an dieser Stelle positioniert, kann dieser den Prozess in ähnlicher Weise ausführen. Bei den meisten anderen Robotern ist eine deutliche Umstrukturierung des Arbeitsplatzes notwendig. Einer der maßgeblichen Nachteile von Knickarmrobotern ist die unzureichende Absolutgenauigkeit, die im Bereich von mehreren Millimetern liegt. Im Vergleich dazu ist die Wiederholgenauigkeit wesentlich besser. Daher kann ein Knickarmroboter gut eingesetzt werden, wenn die repetitiven Aufgaben stets an einer eng tolerierten, gleichbleibenden Stelle erfolgen. Die typischen Anwendungsprozesse, bei denen dieses Profil gute Ergebnisse liefert, sind Handhaben, Schweißen und Kleben. Für Knickarmroboter findet man eine breite Modellpalette, deren kleinste Vertreter mit Armlängen unter einem Meter und Nutzlasten ab einigen hundert Gramm bis zu großen Nutzlasten von einer Tonne und mehreren Metern Armlänge reichen.

Im Vergleich zu den Knickarmrobotern haben SCARA-Roboter eine eingeschränkte Beweglichkeit von nur drei oder vier Bewegungsachsen. Die typischen Baureihen sind deutlich kleiner als bei einem Knickarmroboter. Die Größe des Arbeitsraums eines SCARA-Roboters liegt in der Regel bei knapp einem Meter Radius und entspricht in etwa der Größe des Arbeitsraums eines menschlichen Arms. Die Nutzlasten betragen zwischen zwei bis fünf Kilogramm und liegen damit deutlich unter denen von Knickarmrobotern. SCARA-Roboter werden daher in der Montage und Handhabung sowie bei Pick-and-Place-Aufgaben eingesetzt.

Die größten seriellen Roboter sind die Portalroboter. Typische Flächenportale erreichen eine Länge von bis zu 30 m und eine Breite von bis zu 12 m. Dabei sind hohe Nutzlasten im Bereich von mehreren Tonnen üblich. Nach dem gleichen kinematischen Aufbau, aber aus schlankeren Bauteilen werden kleine Portalroboter bis hin zu Kartesischen Robotern in Tischgröße hergestellt. Solche Gantryroboter werden für ähnliche Aufgaben wie SCARA-Roboter eingesetzt. Da sich die Linearachsen des Roboters besonders einfach zu Maschinen zusammenstellen lassen, herrscht hier eine einfache, modulare Bauweise gegenüber von festen Modellreihen vor. Portalroboter sind häufig so aufgebaut, dass sie für das Be- und Entladen von anderen Produktionsmaschinen über der Produktionsmaschine angeordnet sind und damit platzsparend in die Gesamtanlage integriert werden können. Es sind auch vertikale Aufbauten üblich, bei denen der Zugriff wie bei einem Regal erfolgt. Aufgrund ihres einfachen konstruktiven wie mechanischen Aufbaus können Portalroboter sehr genau gefertigt werden, so dass sie gute Absolutgenauigkeitswerte erreichen.

Die Eigenschaften von parallelen Robotern sind breit gefächert, da es eine große Vielfalt üblicher Bauformen mit jeweils spezifischen Eigenschaften gibt. Bei geeigneter Auslegung lassen sich die Kennwerte von parallelen Robotern in einem sehr großen Bereich konfigurieren. Dabei können parallele Roboter für Größe, Steifigkeit, Genauigkeit und

Bewegungsdynamik Werte erreichen, die sich mit keiner anderen Roboterkinematik realisieren lassen. Der Aufwand für solche Sondermaschinen ist heute noch relativ groß, so dass das Potenzial in der Praxis vor allem für Sondermaschinen und Nischenanwendungen ausgeschöpft wird. Die hohe Dynamik wird in der Praxis vor allem für Pick-and-Place-Aufgaben genutzt. In der Lebensmittelindustrie sind viele Delta-Roboter im Einsatz, die mit Pickgeschwindigkeiten von bis zu drei Picks pro Sekunde eine Produktivität erreichen, der man mit bloßem Auge nicht mehr folgen kann. Stewart-Gough-Plattformen werden auch als Hexapoden bezeichnet und erlauben eine sehr große Steifigkeit und Positioniergenauigkeit. Mit kommerziellen Hexapoden wird eine Absolutgenauigkeit von 0,1 µm erreicht. Parallele Seilroboter erlauben eine Skalisierung von Arbeitsraum, Dynamik und Nutzlast in für konventionelle Roboter unerreichbare Größenordnungen. Der weltgrößte Seilroboter FAST hat einen Arbeitsraum von ca. 500 m Durchmesser und bewegt eine Nutzlast von mehr als 10.000 kg. Mit sehr leichten Seilrobotern konnen Beschleunigungen von mehr als dem 40-fachen der Erdbeschleunigung nachgewiesen werden. Der Cable Robot Simulator erreicht bei 500 kg Nutzlast noch eine Dynamik von der 1,5-fachen Erdbeschleunigung. Trotz dieser Vorteile haben parallele Roboter bisher keinen relevanten Marktanteil errungen.

2.1.2 Typische Aufgaben

Eine Betrachtung der vorherrschenden Roboterprozesse gibt einen guten Überblick, in welchen Feldern sich der Robotereinsatz bewährt hat. Wie oben bereits beschrieben, wird fast jeder zweite Roboter für einen Handhabungsprozess benutzt (siehe Abb. 2.5), d. h., er wird

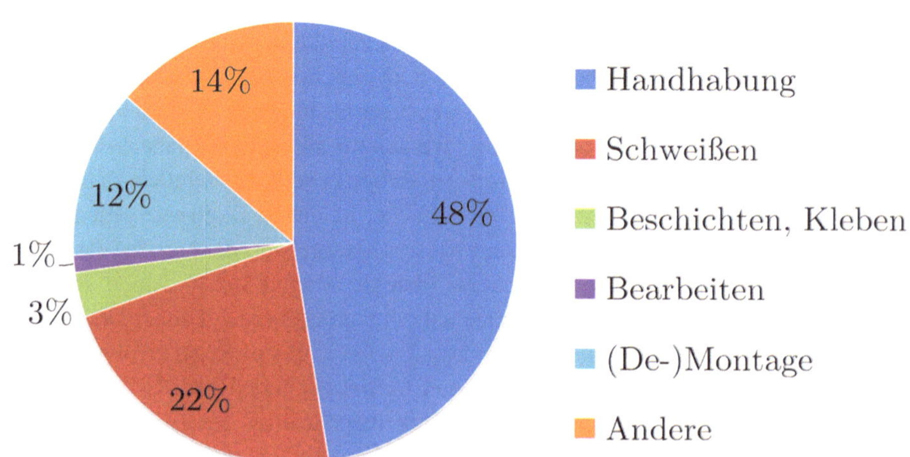

Abb. 2.5 Verkaufte Industrieroboter nach Prozessen in 2016. (Eigene Darstellung nach Zahlen der IFR 2017)

zum Materialtransport eingesetzt. Dazu gehört das Be- und Entladen von Maschinen, Einlegen, Bestücken, Palettieren, Depalettieren oder Sortieren. Der Arbeitsumfang einer typischen Handhabungsaufgabe soll an einem Beispiel veranschaulicht werden. Im Bereich der Lebensmitteltechnik werden Roboter häufig für die Verpackung eingesetzt, bei der sie beispielsweise Pralinen von einem Förderband in die Blister einer Verpackung einräumen. Bei dieser sehr monotonen Aufgabe, die in einem kontinuierlichen Prozess stattfinden muss, kann der Roboter die Handhabung mit einer großer Arbeitsgeschwindigkeit und quasi unermüdlicher Ausdauer ausführen.

Mit 27 % machen Schweißprozesse etwas mehr als ein Viertel aller Roboteraufgaben aus. Schweißroboter werden dabei überwiegend im Umfeld der Automobilindustrie eingesetzt. Insbesondere beim Rohbau der Autokarosserie konnten praktisch alle Arbeitsschritte für das Schweißen und die damit verbundenen Handhabungsvorgänge mit Industrierobotern automatisiert werden. Trotzdem gibt es auch hier noch ein sehr großes Potenzial für den weiteren Einsatz von Robotern, da weniger als 10 % aller Schweißprozesse von Robotern ausgeführt werden. Daneben werden Roboter auch zum Bahnschweißen an Stahl- und Blechkonstruktionen eingesetzt, wie zum Beispiel bei der Fertigung von sogenannten Gitterbindern (Abb. 2.6). Je nach geschweißtem Werkstoff und Art der Verbindung kommt das Widerstandspunktschweißen, MIG/MAG-Schweißen oder Laserschweißen zum Einsatz.

Die große Diversität der Montageaufgaben führt dazu, dass bisher nur jeder achte Industrieroboter (12 %) in der Montage oder Demontage eingesetzt wird. Das Fügen und Zusammensetzen von Bauteilen ist für Roboter schwierig, da hier eine Reihe von Hemmnissen für die Automatisierung zusammentreffen, wie Toleranzen, Genauigkeitsanforderungen, definierte Fügekräfte und ein großer Variantenreichtum der zu montierenden Bauteile. Aus diesem Grund wird im Bereich der Montage auch heute noch sehr viel Personal eingesetzt. Insofern liegt in heutigen Montagelinien noch ein sehr großes Potenzial für eine

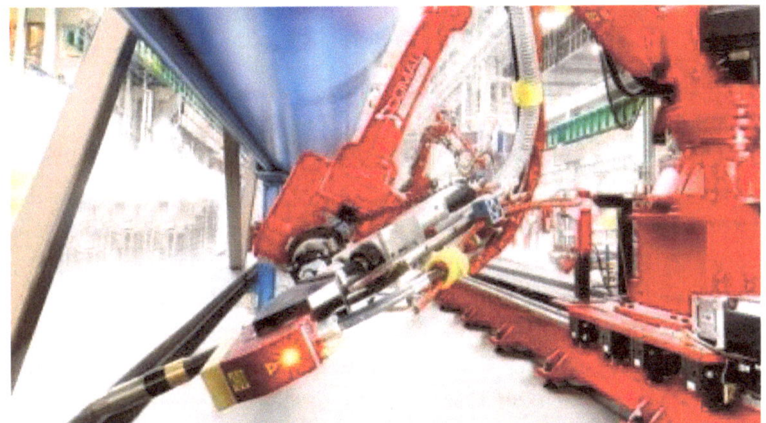

Abb. 2.6 Bahnschweißen mit Robotern am Beispiel von Gitterbindern

Rationalisierung durch Automatisierung. Eine Übersicht bietet das Buch „Montage strategisch ausrichten" von Feldmann [5].

Lediglich fünf Prozent der Roboter bringen Fluide auf und arbeiten im Bereich Lackieren, Kleben und Beschichten. Auch bei Bearbeitungsprozessen kommen Roboter nur bei wenigen Aufgaben zum Einsatz, da es Robotern im Vergleich zu Werkzeugmaschinen an Genauigkeit mangelt. Als Komponente in Bearbeitungszentren und bei verketteten Werkzeugmaschinen findet man heute eine große Anzahl an Robotern. Diese werden als Handhabungsroboter eingesetzt und nicht für die Bearbeitung. Neben den klassifizierten Anwendungen können etwa elf Prozent der weltweiten Roboteranwendungen keiner Applikation zugeordnet werden.

2.2 Steuerung von Industrierobotern

Die Steuerung des Roboters wird in der Regel durch den Hersteller des Roboters bereitgestellt. Bisherige Versuche zur Standardisierung der Programmiersprachen waren nicht erfolgreich, da die Roboterhersteller in der Programmiersprache ein Differenzierungsmerkmal sehen. Deshalb hat jeder Roboterhersteller eine eigene Steuerung und diese wiederum eine eigene Programmiersprache, wie zum Beispiel KRL (Kuka Robot Language) oder ABB-Code. Um die Maschinen leichter in bisherige Produktionsprozesse zu integrieren und auch die Ausbildung der eigenen Roboterbediener zu vereinfachen, verwenden viele Unternehmen nur Roboter eines Herstellers. So kann eine gewisse Kompatibilität gewährleistet werden. Weiterhin enthält die Steuerung häufig Schnittstellen, die es ermöglichen, Sensoren, zusätzliche Bewegungsachsen, Prozessmodule oder eine externe *speicherprogrammierbare Steuerung* (SPS) zu integrieren. So kann mit vorhandenen Transportvorrichtungen kommuniziert werden. Auf weitere Funktionen der Steuerung sowie auf den Vorgang der Programmierung gehen die Kap. 4 und 5 ein.

2.2.1 Sicherheitsfunktionen

Viele Hersteller bieten optional spezielle Sicherheitsfunktionen für ihre Roboter an, mit denen die Steuerung sicherheitsgerichtet die Bewegungen und die Bewegungsgeschwindigkeiten des Roboters begrenzen kann. Über solche Funktionen wird häufig vereinfachend gesagt, dass sie die Roboteranlage sicher machen. Tatsächlich ist die steuerungsseitige Integration solcher Funktionen eine zwingende Voraussetzung für bestimmte Arten der Mensch-Roboter-Kollaboration. Allerdings sind weitere Maßnahmen erforderlich, um die sichere Zusammenarbeit gemäß geltender Vorschriften zu gewährleisten. Auf die technischen und organisatorischen Maßnahmen zur Gewährleistung der Anlagensicherheit wird in Kap. 9 detailliert eingegangen.

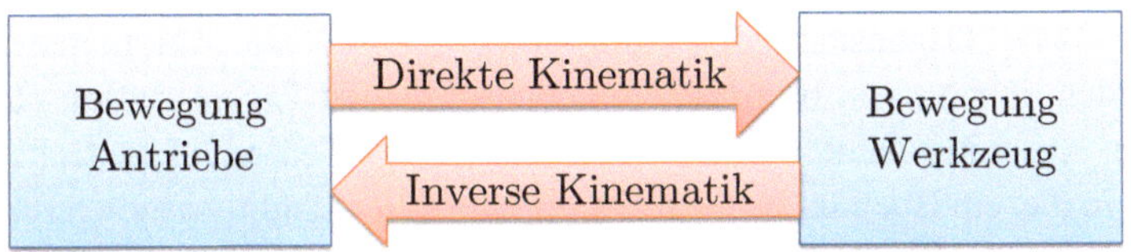

Abb. 2.7 Kinematische Transformation für die Steuerung eines Industrieroboters

2.2.2 Technologiepakete

Eine von vielen Herstellern angebotene Erweiterung für Robotersteuerungen sind die sogenannten *Technologiepakete.* Durch diese Softwareerweiterungen können der Robotersteuerung zum Beispiel Funktionen zur Unterstützung des Schweißens oder die Synchronisierung mit bewegten Objekten hinzugefügt werden. Diese Art der Funktionserweiterung über Technologiepakete wird dann angewendet, wenn die prozessbedingten Änderungen tief in der Robotersteuerung verankert werden müssen, etwa wenn diese Steuerungs- und Regelungsfunktionen betreffen, mit der Auswertung der Sensorfunktionen des Roboters zusammenhängt oder eine zeitlich sehr genaue Synchronisation erforderlich ist.

2.2.3 Kinematische Transformation

Die kinematische Transformation ist ein mathematischer Algorithmus zur Umrechnung zwischen der Bewegung des Endeffektors und der Bewegung der Antriebe. Diese Umrechnungen hängen von der Art der Kinematik des Roboters ab. Man unterscheidet zwischen der *direkten Kinematik* und der *inversen Kinematik* (Abb. 2.7). Mit der direkten Kinematik wird aus einer bekannten Bewegung der Antriebe die Bewegung am Endeffektor berechnet. Damit bestimmt der Roboter seine derzeitige Bewegung des Endeffektors aus den verfügbaren Sensordaten der Antriebsstränge. Bei der inversen Kinematik wird die im Roboterprogramm definierte, gewünschte Bewegung des Endeffektors vorgegeben und daraus die notwendige Stellung der Antriebe berechnet. Bei seriellen Robotern ist die direkte Kinematik stets eindeutig, während es für eine gewünschte Position des Endeffektors häufig mehr als eine Lösung gibt. Bei Knickarmrobotern kann es je nach Position bis zu acht mögliche Achsstellungen für eine vorgegebene Position des Endeffektors geben.

2.3 Eigenschaften von Industrierobotern

Für die Auswahl des passenden Roboters für eine Aufgabe sind eine Reihe von Eigenschaften und Kenngrößen notwendig, die den Roboter näher charakterisieren. Viele dieser Kenngrößen werden von den Herstellern in Datenblättern angegeben. Die Bestimmung und

Auswahl ist daher Gegenstand der Konzeption einer neuen Automatisierungslösung. Roboter werden anhand von bestimmten Kenngrößen und Eigenschaften charakterisiert. Im folgenden Abschnitt werden diese einzelnen Kenngrößen erläutert. Dabei werden die Kenngrößen in diesem Buch im Sinne eines intuitiven Verständnisses eingeführt. Eine wissenschaftlich fundierte Beschreibung der mathematischen und ingenieurswissenschaftlichen Grundlagen ist z. B. im Buch von Craig [6] zu finden.

2.3.1 Beweglichkeit und Freiheitsgrade

Ein Roboter benötigt mindestens so viele Antriebe, wie der Endeffektor Freiheitsgrade besitzt. Durch die Freiheitsgrade wird die Beweglichkeit eines Roboters beschrieben. Man unterscheidet sechs für die Praxis relevante Formen der Bewegung. Die einfachste Bewegung ist die ebene Bewegung, die zum Beispiel von Plottern durchgeführt wird. Die ebene Bewegung kann auch um eine Rotation erweitert werden. Weiterhin gibt es die räumlichen Bewegungen ohne Rotation sowie mit einer Rotation, wie sie von Portal- oder SCARA-Robotern erzeugt werden. Zudem gibt es die räumliche Bewegung mit einer Rotation um zwei Achsen. Hier gibt es zahlreiche Varianten der fünfachsigen Bewegung, wie zum Beispiel die fünfachsigen Fräsmaschinen. Die flexibelste Form ist der voll bewegliche Roboter, wie der Knickarm- oder Parallelroboter. Sie können beliebige Rotationen sowie Translationen durchführen. Weitere Achsen wie Linearachsen können den Arbeitsraum vergrößern, Kollisionen umgehen oder Singularitäten vermeiden. Sie steigern aber nicht mehr die Anzahl der Freiheitsgrade am Endeffektor.

2.3.2 Arbeitsraum

Der Arbeitsraum eines Roboters (Abb. 2.8) umfasst alle Positionen und Orientierungen, die der Roboter mit seinem Werkzeugmittelpunkt (TCP) erreichen kann. Da der Raum

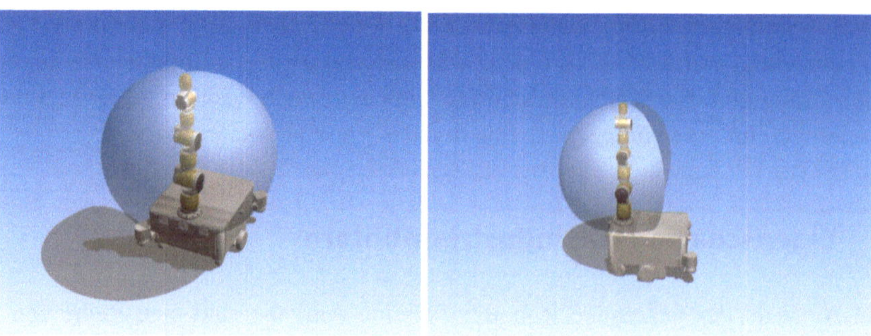

Abb. 2.8 Der maximale Arbeitsraum als transparente Hülle am Beispiel eines mobilen Leichtbauroboters

aus Position und Orientierung sechsdimensional ist, gibt es keine anschauliche Darstellung des gesamten Arbeitsraums. Roboterhersteller geben im Datenblatt häufig den maximal erreichbaren Arbeitsraum in Form einer Hüllkurve an. Dieser Raum umfasst alle Punkte, die der Roboter mit irgendeiner Orientierung des Endeffektors erreichen kann. Diese Hüllkurven sind für die Einsatzplanung des Roboters eine optimistische Angabe, denn diese Kurve berücksichtigt nicht die Einschränkung auf für den Prozess relevante Orientierungen. Dies kann veranschaulicht werden, wenn der Roboter ein Bohrwerkzeug führt. Um nun ein Loch in ein Bauteil zu bohren, muss die Spitze des Bohrers nicht nur die gewünschte Stelle des Bauteils berühren können, sondern muss an dieser Stelle auch senkrecht zur Oberfläche ausgerichtet werden. Aussagen zur Orientierbarkeit des Endeffektors können in der Regel nur anhand von Simulationen getroffen werden (siehe Kap. 5).

Die Form und Größe des Arbeitsraums hängt vom kinematischen Typ sowie der Baugröße des Roboters ab. In Abb. 2.9 ist die Form der Hüllkurven visualisiert. Der Arbeitsraum von Knickarmrobotern hat näherungsweise die Gestalt einer Kugelschale mit einem Innen- und Außendurchmesser. Die Roboterbasis steht damit in dem inneren Hohlraum der Kugel. Viele Knickarmroboter können mit ihrer ersten Achse keine endlosen Drehungen vollführen; in diesen Fällen ist die Kugelschale, wie in der Abbildung gezeigt, zusätzlich geschlitzt. Bei SCARA-Robotern entsteht durch die Überlagerung der ersten beiden Drehachsen ein sichelförmiger Arbeitsraum, der sich in guter Näherung durch einen Innen- und Außenradius beschreiben lässt. Der Verfahrweg der Pinole kann als Höhe des Arbeitsraums gedeutet werden und hängt nicht von der lateralen Bewegung ab. Portalroboter haben einen als Quader beschreibbaren Arbeitsraum, der durch Länge, Breite und Höhe charakterisiert wird. Sofern weitere Drehachsen integriert werden, hängt deren Rotationsbereich nicht von der Position ab, so dass sich die Einsatzplanung einfach gestaltet.

Der Arbeitsraum von parallelen Robotern hängt von der Bauart ab und hat im Allgemeinen eine in allen Richtungen krummrandige Begrenzung. Eine grobe Bewertung erfolgt ebenfalls anhand von Hüllkurven, die der Hersteller liefert. Bei kundenspezifischen Robotern ist die Auslegung für einen passenden Arbeitsraum ein zentraler Punkt in der Entwicklung.

 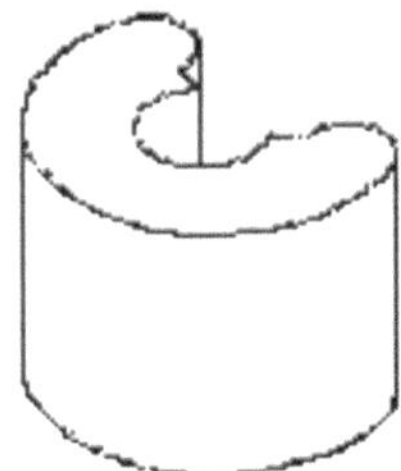 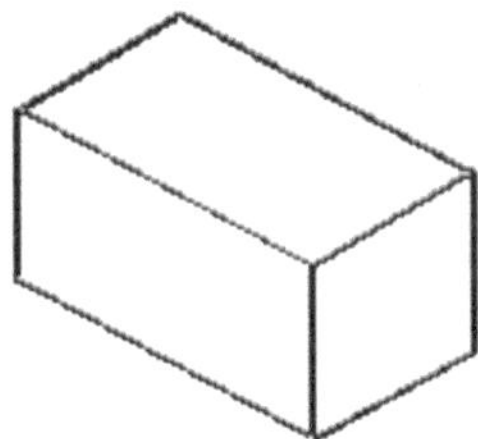

Abb. 2.9 Form des Arbeitsraums von Robotern: Knickarmroboter (links), SCARA-Roboter (Mitte) und Portalroboter (rechts)

2.3.3 Zugänglichkeit und Kollisionsvermeidung

Roboter sind in der Lage, mit sich selbst oder mit anderen Objekten in der Roboterzelle zu kollidieren. Wenn überhaupt fängt die Robotersteuerung nur Kollisionen mit der eigenen Struktur des Roboters ab (siehe Abb. 2.10). In der Regel gibt es keine Überwachung für den geführten Endeffektor, sodass sich eine erhebliche Gefahr für eine Beschädigung ergibt. Auch manuelle Eingriffe in die Roboterzelle, wie das Aufstellen von weiterer Peripherie, können unbeabsichtigt den geplanten Ablauf beeinflussen und zu gefährlichen Situationen führen.

Bei der Konzeption der Roboterzelle muss daher geprüft werden, ob die geplante Bahn zum Arbeitspunkt auf direktem Wege möglich ist oder ob Zwischenpunkte definiert werden müssen, damit der Roboter das Ziel ohne Kollision erreichen kann. Solche Fragen werden in der Regel bereits bei der Konzeption der Roboterzelle anhand von einfachen Bewegungssimulationen geklärt.

Aufgrund der unübersichtlichen Beweglichkeit von Knickarmrobotern werden Bewegungsbahnen häufig konservativ programmiert, d. h. so dass die Bahnen einen möglichst großen Abstand zu den Hindernissen haben. Dies reduziert bei kleinen Änderungen und Fehlern das Risiko für eine Kollision, führt aber zu einer Reduzierung der Produktivität aufgrund der längeren Taktzeit. Eine Optimierung des Roboterprogramms für kürzere Taktzeiten ist ein zeitaufwändiger Prozess, mit dem jedoch wertvolle Produktivität gewonnen werden kann.

2.3.4 Genauigkeit

Bei der Beurteilung der Genauigkeit von Robotern werden vor allem die *Wiederhol-* und die *Absolutgenauigkeit* unterschieden. Die Wiederholgenauigkeit (Abb. 2.11) gibt an, wie gut der Roboter eine Pose über viele Zyklen hinweg erreichen kann. Bei Industrierobotern kann die Wiederholgenauigkeit bis zu 0,05 mm betragen. Die Absolutgenauigkeit gibt an, wie genau die Raumkoordinaten bezogen auf das Basissystem des Roboters erreicht werden. Sie gibt also Auskunft darüber, wie gut die programmierte Position tatsächlich erreicht wird. Ein

Abb. 2.10 Industrieroboter an einer bezüglich Zugänglichkeit und Kollisionen kritischen Pose

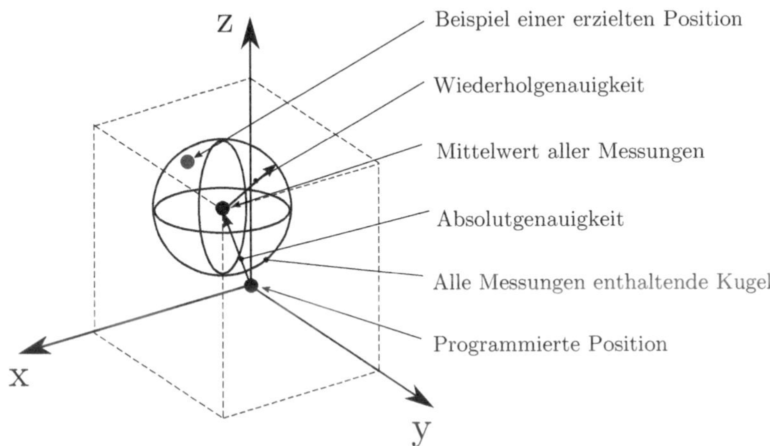

Abb. 2.11 Genauigkeit von Robotern: Absolutgenauigkeit und Wiederholgenauigkeit

Roboter soll beispielsweise zwei Posen anfahren, die laut Roboterprogramm einen Meter voneinander entfernt liegen. Dabei trifft der Roboter die beiden Posen in jedem Zyklus mit einer Abweichung (der Wiederholgenauigkeit) von 0,05 mm. Unabhängig von dieser deterministischen Ausführung kann der wahre Abstand bei einem typischen Industrieroboter nur 995 mm betragen, also um 5 mm absolut von der Sollposition abweichen. Der Roboter trifft die Punkte also wiederholgenau, der programmierte Abstand zwischen den Punkten ist jedoch absolut betrachtet ungenau.

Prinzipiell ist es möglich, durch Kalibrierung oder anhand von Kompensationstechniken die Absolutgenauigkeit bis auf das Niveau der Wiederholgenauigkeit zu steigern. Viele Hersteller bieten gegen einen Aufpreis Roboter mit einer verbesserten Absolutgenauigkeit, sogenannte *absolutvermessene Roboter* an.

Es gibt insgesamt ca. 30 Genauigkeitskenngrößen für Roboter, die in der Norm ISO 9283 [7] definiert sind. Für viele Prozesse ist neben der Genauigkeit an bestimmten Punkten auch die Fähigkeit relevant, einer Bahn exakt zu folgen. Die *Bahngenauigkeit* (Abb. 2.12) gibt die Abweichungen von der programmierten Bewegungsbahn des Roboters an. Mit der Bahnwiederholgenauigkeit wird beschrieben, wie groß der kleinste Radius eines Schlauchs ist, in dem 30 Wiederholungen der Bewegung enthalten sind. Die absolute Bahngenauigkeit gibt an, wie weit die tatsächliche Bahn von der programmierten Bahn entfernt ist. Im Allgemeinen hängt diese Bahngenauigkeit von der Geschwindigkeit des Roboters ab. Je schneller der Roboter sich bewegt, umso größer sind die Abweichungen durch dynamische Verformung und Regelfehler. Zusätzlich wird das dynamische Positionierverhalten beschrieben. Dabei wird getestet, wie weit der Roboter bei der Positionierung überschwingt und wie lange er braucht, um sich anschließend auf den Sollwert zu stabilisieren. Diese und weitere Kennwerte sind in der Norm ISO 9283 standardisiert. Die dazu passenden Abnahmetests sind ebenfalls definiert und sollten immer die Basis von Genauigkeitsangaben sein. Typische Roboterdatenblätter weisen diese Kennzahlen jedoch nicht aus.

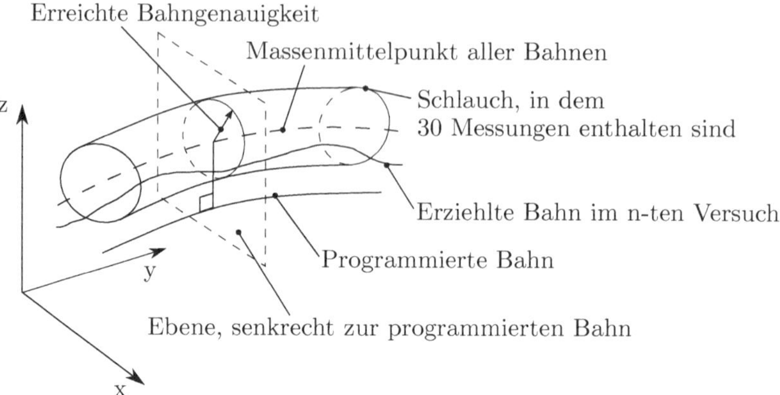

Abb. 2.12 Genauigkeit von Robotern: Bahngenauigkeit

2.3.5 Singularitäten

Eine sogenannte *Singularität* stört die oben beschriebenen Bewegungen des Roboters. Wenn sich die Stellungen der Gelenke in einer ungünstigen Weise überlagern, verschwindet eine oder mehrere Bewegungsrichtungen des Roboters, so dass bestimmte erwünschte Bewegungen durch die Robotersteuerung nicht realisiert werden können. Bei einer Annäherung an die Singularität verlangsamt die Steuerung die Bewegung des Endeffektors stark oder es kommt zu einer starken Beschleunigung der Drehbewegung einzelner Achsen. Aufgrund dessen kann es zu einer von der Steuerung verursachten Blockade der Achsen und damit zu einem Abbruch des ausgeführten Fertigungsprozesses kommen. Art und Lage der Singularität sind physisch mit dem Roboter verbunden, d. h. deren Lage ist ortsfest gegenüber der Roboterbasis. Daher ist bei der Auslegung eines Robotersystems darauf zu achten, dass die ortsfesten Singularitäten des Roboterarms nicht dort liegen, wo der Prozess ausgeführt werden soll. Singularitäten sind häufig störend, wenn die Abläufe eines Roboters geändert werden sollen und neue Prozesspunkte definiert werden. Obwohl die Lage der Singularitäten bei Robotern der gleichen Baureihe bekannt ist, werden Singularitäten von der Steuerung meist erst erkannt, wenn der Roboter hineingesteuert wurde. Bei Vertikalknickarmrobotern entsprechen die in der Praxis wichtigen Singularitäten der Strecklage zwischen dem ersten und zweiten Armsegment sowie der Strecklage des Roboterhandgelenks (Abb. 2.13).

2.3.6 Steifigkeit und Schwingungen

Als Steifigkeit wird die reversible Verformung des Roboters unter Last bezeichnet. Die Verformung wird vor allem durch die Nachgiebigkeit der Antriebsstränge sowie die Biegung der Armsegmente verursacht. Die auftretende Verformung hängt von der aktuellen Position

Abb. 2.13 Singularitäten von seriellen Robotern: Strecklage des Arms und im Handgelenk

des Roboters und der äußeren Belastung ab. Die Steifigkeit des Roboters kann sich je nach Position deutlich verändern und ist am ausgestreckten Arm am geringsten. Industrieroboter sind verglichen mit anderen Manipulatoren wie Werkzeugmaschinen wesentlich weniger steif. Je nach Baugröße ist ein Industrieroboter um ein bis zwei Größenordnungen nachgiebiger. Die Verformung des Roboters ist in Abb. 2.14 visualisiert. Bei typischen Lasten ist die Verformung proportional zur einwirkenden Kraft, wobei die Richtung, in die der Roboter ausweicht, im Allgemeinen nicht parallel zur Kraft ist, sondern positionsabhängig einen Winkel mit der Kraft bildet.

Mit der geringeren Struktursteifigkeit von Industrierobotern geht auch eine niedrige erste Eigenfrequenz von 8–12 Hz einher. Roboter werden daher kaum bei Prozessen eingesetzt, die eine hohe Steifigkeit erfordern, wie beispielsweise die spanende Bearbeitung von Metall.

2.3.7 Bewegungsdynamik

Die Dynamik des Roboters wird anhand der Geschwindigkeit und Beschleunigung der Gelenke beschrieben. Die meisten Hersteller geben die Geschwindigkeit je Gelenk an, so

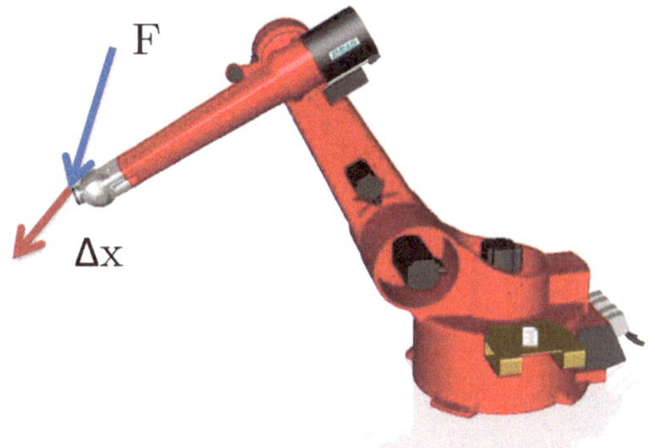

Abb. 2.14 Die Steifigkeit eines Roboters beschreibt die elastische Verformung in Folge von Kräften

dass die in einem Prozess erreichbaren Bahngeschwindigkeiten von der Lage im Arbeitsraum abhängen und nur anhand von Simulationen bestimmbar sind. Während die Geschwindigkeit durch die Maximalgeschwindigkeit der Motoren begrenzt wird, spielt bei der maximalen Beschleunigung auch die Nutzlast eine Rolle. Aus physikalischen Gründen kann die Geschwindigkeit nur stetig verändert werden, wobei die Dauer der Geschwindigkeitsänderung von der Beschleunigung abhängig ist. Die Beschleunigung des Roboters ist üblicherweise fest in der Steuerung eingestellt und die im Roboterprogramm hinterlegte Bahngeschwindigkeit wird dann so schnell wie möglich erreicht.

Die dynamischen Werte des Roboters beeinflussen, wie schnell der Roboter arbeiten kann. Je größer die maximale Geschwindigkeit und Beschleunigung, umso kürzer ist die mögliche Taktzeit des Roboters und umso größer ist damit die Produktivität. Hier muss allerdings berücksichtigt werden, dass andere Faktoren die Taktzeit ebenfalls beeinflussen: Die Prozessausführung durch den Roboter verbraucht ebenfalls Zeit, ggf. muss auf die Datenauswertung der Sensoren oder die Synchronisation mit einem Förderband gewartet werden.

Tab. 2.2 zeigt eine Aufstellung der Bewegungsdynamik verschiedener Roboterkinematiken. Während große Knickarmroboter im mittleren bis langsamen Bereich der Geschwindigkeit und Beschleunigung arbeiten, sind SCARA-Roboter in der Regel für hohe Werte optimiert, da sehr kurze Taktzeiten in ihrem Anwendungsgebiet von hohem Interesse sind. Bei Portalrobotern hängt die Bewegungsdynamik von der Baugröße ab: große Roboter sind in der Regel für große Nutzlasten ausgelegt und entsprechend träge. Bei kleinen Portalrobotern können Linearachsen mit hohen Geschwindigkeiten eingesetzt werden. Die höchsten Dynamikwerte werden von Parallelrobotern erreicht. Delta-Roboter leisten beispielsweise 150 bis 180 Picks pro Minute, also bis zu drei Handhabungsaufgaben pro Sekunde. Mit experimentellen Prototypen sind sogar noch größere Werte erreicht worden, so dass Objekte mit über 50-facher Erdbeschleunigung bewegt wurden. Nicht alle Güter ertragen so große Geschwindigkeiten. Lebensmittel, die oft mit Delta-Robotern verpackt werden, können ab einer bestimmten Beschleunigung unter ihrem Eigengewicht beschädigt werden.

Tab. 2.2 Überblick über die Dynamik verschiedener Roboterkinematiken

Serielle Roboter			Parallele Roboter
Knickarm	SCARA	Portal	Delta
• Mittlere Geschwindigkeit und Beschleunigung	• Sehr große Geschwindigkeit und Beschleunigung möglich	• Kleine Portale: erreichen hohe Dynamik • Flächenportale: mittlere Geschwindigkeit, kleine Beschleunigung	• Sehr große Geschwindigkeit und Beschleunigung

Tab. 2.3 Überblick über die Traglast der verschiedenen Roboterkinematiken

Serielle Roboter			Parallele Roboter
Knickarm	SCARA	Portal	
• Kleinroboter: 5 kg • Schwerlastroboter: 1000 kg	• Traglast: 0,5 kg bis 5 kg	• Traglast: 0,5 kg bis mehrere Tonnen	• Delta-Roboter: 0,5 kg • Sondermaschinen: mehrere Tonnen

2.3.8 Traglast

Die *Traglast* ist das maximale Gewicht, das vom Roboter bewegt werden kann. Sie wird an jeder Stelle des Arbeitsraums erreicht. Die Nenntraglast wird durch den Roboter nur erreicht, wenn die Last momentenfrei am Roboterflansch angreift und der Schwerpunkt der Last direkt am Roboterflansch liegt. Die effektive Traglast verringert sich, wenn der Schwerpunkt einen Abstand vom Flansch hat. Die meisten Hersteller geben in Kennfeldern an, wie die Traglast mit dem Abstand des Massenschwerpunkts vom Handgelenk nachlässt.

Physikalisch korrekt wäre die Angabe einer Kraft in Newton anstelle eines Gewichts in Kilogramm, da mit der Traglast auch die Fähigkeit des Roboters einhergeht, eine Prozesskraft auszuüben. Bei der Auswahl des Roboters ist daher zu berücksichtigen, dass Werkzeuge oder Greifer ein Eigengewicht haben, das ebenfalls vom Roboter getragen werden muss. Zudem müssen die auszuübenden Prozesskräfte, wie zum Beispiel beim Fügen, in eine äquivalente Traglast umgerechnet und mit dem Eigengewicht des Endeffektors verrechnet werden.

Tab. 2.3 zeigt eine Übersicht über die Traglast der gängigen Robotertypen. Knickarmroboter gibt es in zahlreichen Baugrößen von wenigen Kilogramm Traglast bis zu einer Tonne. SCARA-Roboter sind für den unteren einstelligen Kilobereich ausgelegt und Portalroboter gibt es in kundenspezifischer Ausführung von einem Kilo bis zu mehreren Tonnen. Parallele Roboter als Sondermaschinen können Lasten bis zu vielen Tonnen aufnehmen und werden auch für Sonderanwendungen, wie beispielsweise bei Flugsimulatoren, eingesetzt.

Damit sind die wichtigsten Funktionen eines Industrieroboters beschrieben. Für den wirtschaftlichen und erfolgreichen Betrieb von Roboterzellen sind allerdings noch eine Reihe weiterer Komponenten von Bedeutung. Dazu wird im folgenden Kapitel zunächst der Endeffektor beschrieben, welcher die Schlüsselkomponente darstellt, um einen universellen Manipulator in eine für einen konkreten Prozess taugliche Maschine zu verwandeln.

Literatur

1. Merlet J-P (2006) Parallel robots, 2. Aufl. Springer, Netherlands
2. Raymond C (1988) DELTA, a fast robot with parallel geometry. In: 18th international symposium on industrial robots, 91–100, 1988

3. Stewart D (1965) A platform with six degrees of freedom. Proceedings of the Institution of Mechanical Engineers 180(1):371–386
4. Pott A (2018) Cable-driven parallel robots: theory and application. Springer, Cham
5. Feldmann K, Gergs HJ, Slama S, Wirth U (Hrsg) (2004) Montage strategisch ausrichten – Praxisbeispiele marktorientierter Prozesse und Strukturen. Springer, Berlin
6. Craig JJ (2005) Introduction to robotics, 3. Aufl. Pearson Prentice Hall, Upper Saddle River
7. ISO:9283:1998 Manipulating industrial robots – performance criteria and related test methods, 1998

Standardroboterwerkzeuge und Endeffektoren 3

Zusammenfassung
Der Roboter als Universalmaschine kann eine frei programmierbare Bewegung mit seinem Flansch erzeugen. Um einen wertschöpfenden Prozess auszuführen, muss an den Flansch eine Funktionseinheit angeschlossen werden, die diesen Prozess bewirkt. Diese Komponente wird in der Robotik *Endeffektor* genannt. Endeffektoren werden in drei Gruppen eingeteilt: *Greifer, Werkzeuge* und *Mess-/Prüfmittel* (Abb. 3.1). Einige Arten von Endeffektoren sind in Abb. 3.2 typischen Roboterprozessen zugeordnet. Am häufigsten kommen Greifer als Endeffektoren zum Einsatz. In der Handhabung, die ca. 50 % der Roboterprozesse ausmacht, werden ausschließlich Greifer verwendet. Bei den übrigen Prozessen kann mit einem Greifer *werkstückgeführt* automatisiert werden (Abb. 3.3). Dabei wird das Prozesswerkzeug innerhalb der Roboterzelle stationär angeordnet und das Werkstück wird mittels des Roboters zu dieser Prozessstation hingeführt. Mit diesem Verfahren lassen sich längere Abfolgen von automatisierten Prozessen mit einem einzigen Roboter umsetzen, wenn die Flexibilität im Vordergrund steht und nur ein geringer Durchsatz erforderlich ist. Bei der *werkzeuggeführten* Automatisierung trägt der Roboter das Werkzeug bzw. das Mess- oder das Prüfmittel. Dabei wird das Werkstück in einer Vorrichtung oder einem Spannmittel fixiert. Diese Form der Automatisierung wird angewendet, wenn die Werkstücke sehr groß bzw. schwer sind oder wenn die Werkstücke bereits in geeigneten Vorrichtungen wie Werkstückträgern vorliegen. Zudem ist es bei der werkzeuggeführten Automatisierung einfach möglich, dass mehrere Roboter gleichzeitig ein Werkstück bearbeiten.

A. Pott und T. Dietz, *Industrielle Robotersysteme*,
https://doi.org/10.1007/978-3-658-25345-5_3

Abb. 3.1 Endeffektoren lassen sich in Greifer (links), Werkzeuge (Mitte) und Mess-/Prüfmittel (rechts) einteilen

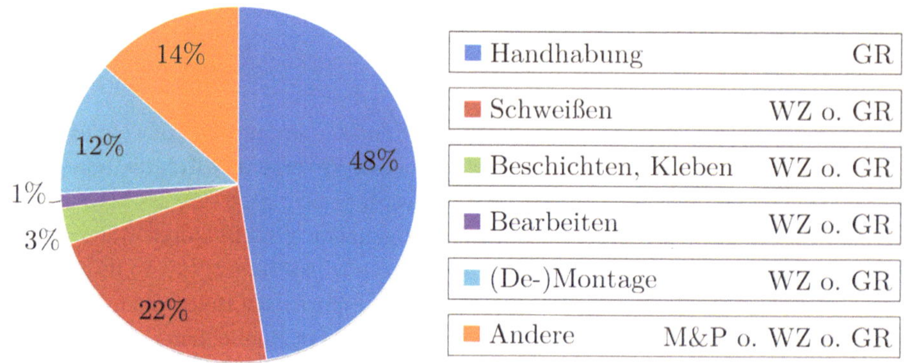

Abb. 3.2 Zuordnung des anwendbaren Endeffektors nach Roboterprozessen. GR: Greifer, WZ: Werkzeug, M&P: Prüf- und Messmittel. (Eigene Darstellung nach Zahlen der IFR)

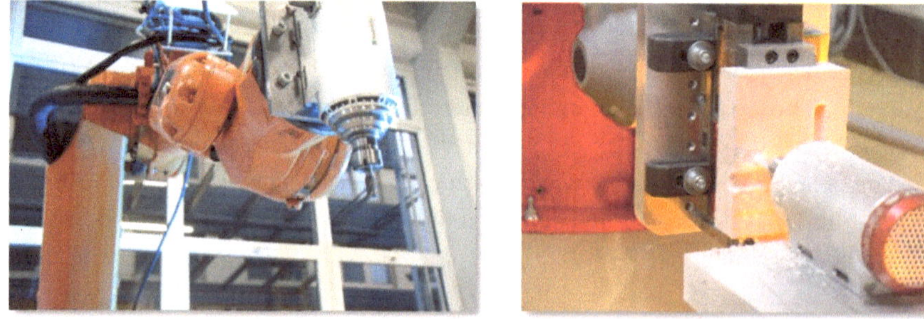

Abb. 3.3 Werkzeuggeführte (links) und werkstückgeführte (rechts) Automatisierung am Beispiel des Fräsens

3.1 Funktionen und Funktionsaufteilung

Tab. 3.1 zeigt Haupt-, Hilfs- und Nebenfunktionen von Endeffektoren. Die Hauptfunktionen umfassen in der Regel das Greifen, Bearbeiten oder Messen. Die Hilfsfunktionen unterstützen den Prozess, beispielsweise durch ein Werkzeugwechselsystem oder ein Messsystem beim Fräsen. Nebenfunktionen ermöglichen den Betrieb eines Endeffektors. Dazu gehören Kabelschutzsysteme, Reinigungssysteme und Wechselstationen, die innerhalb der Zelle den Austausch des Endeffektors ermöglichen. Geräte für Nebenfunktionen befinden sich nicht am Endeffektor, sondern werden innerhalb der Roboterzelle angeordnet. Sie stellen Funktionen zur Verfügung, die für den Betrieb des Endeffektors nötig sind.

Der für einen Endeffektor notwendige Funktionsumfang kann unterschiedlich sein. Diese Spanne soll anhand von zwei Beispielen illustriert werden. Abb. 3.4 links zeigt einen Hakengreifer, der für das Entnehmen von Reifen aus einer Kiste genutzt wird. Der Greifer besteht aus einem einzigen Stück Metall, wiegt ca. 1 kg und kommt ohne irgendeine Form

Tab. 3.1 Unterscheidung der Funktionen in Haupt-, Hilfs- und Nebenfunktionen vom Endeffektor und Beispiele

Hauptfunktion	Hilfsfunktion	Nebenfunktion
Teil des Endeffektors		Nicht Teil des Endeffektors
Wirkelement	Zubehör	Peripherie
Bewirkt den Prozess	Unterstützt den Prozess	Ermöglicht den Prozess
Greifer, Werkzeug, Mess- & Prüfmittel	Wechselsystem, Ausgleichseinheit, Messsystem	Kabelschutz, Wechselstation, Reinigungssystem

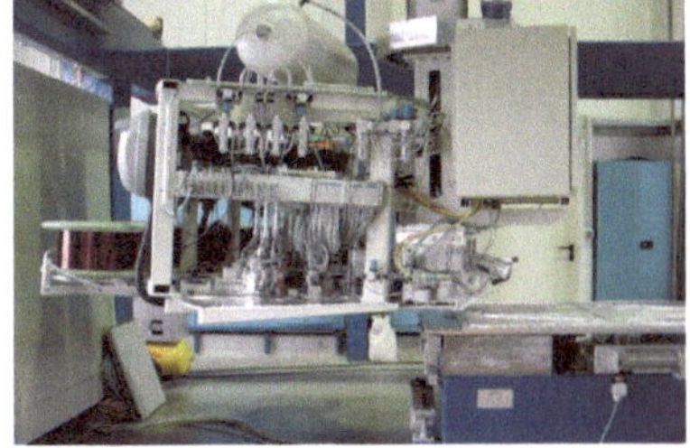

Merkmal	Einfacher Hakengreifer	Werkzeug zum Wickeln von Sattelspulen
Komplexität	1 Teil, 0 Aktoren, 0 Sensoren	> 1.000 Teile, > 10 Aktoren, > 20 Sensoren
Gewicht	< 1 kg	ca. 500 kg
Baugröße	$< 0,1 \times 0,1 \times 0,1$ m	$> 1 \times 1 \times 1$ m
Preis	< 200 €	> 100.000 €

Abb. 3.4 Vergleich zwischen zwei höchst unterschiedlichen Endeffektoren: ein einfacher Hakengreifer (links) und ein hoch entwickeltes Werkzeug zum Wickeln von Sattelspulen (recht)

von Elektronik, Sensorik und Antriebstechnik aus, denn die für das Greifen notwendige Einfädelbewegung wird vom Roboter ausgeführt. Auf der rechten Seite von Abb. 3.4 ist die kundenspezifische Entwicklung eines komplexen Werkzeugs gezeigt. Der Endeffektor zum Verlegen von Sattelspulen, bestehend aus weit mehr als 1000 Einzelteilen, verfügt über diverse Aktoren sowie Sensoren und hat ein Gewicht von 500 kg. Solche Werkzeuge übertreffen den Industrieroboter bezüglich Entwicklungsaufwand, Anzahl der Sensoren und Aktoren, der Komplexität der Steuerung sowie der Kosten häufig erheblich. Der Vergleich dieser beiden Entwicklungen zeigt auf, dass es letztlich von der Komplexität des Prozesses und der damit verbundenen Wertschöpfung abhängt, ob sich eine kostspielige Entwicklung amortisiert.

3.2 Greifer

Heute stellen Greifer die wichtigste und häufigste Art von Endeffektoren dar [1, 2]. Entsprechend gut und differenziert ist der Markt der Ausrüster entwickelt. Dies schlägt sich auch im Normungswesen nieder: Nach der VDI-Richtlinie 2740 sind die Hauptaufgaben eines Greifers das Herstellen, Aufrechterhalten und Lösen der Verbindung zwischen dem Greifobjekt und dem Handhabungsgerät [3]. Als Handhabungsgerät werden hier vor allem Industrieroboter eingesetzt, die den Greifer mit oder ohne Greifobjekt durch eine räumliche Bewegung positionieren und orientieren. Je nach Anwendungsfall können für den Greifer zusätzliche Sonderfunktionen hinzukommen wie:

- Änderung der Position des Greifobjekts
- Änderung der Orientierung des Greifobjekts
- Informationsaufnahme durch Sensoren (Anwesenheitskontrolle und Lageerkennung für Werkstücke, Kraft-, Moment- und Wegmessung)
- Teilebereitstellung bei der Montage (z. B. Schraubenzuführung)
- Reinigungsfunktionen in Fertigungsprozessen

Der Greifer muss Kräfte und Momente auf das Objekt ausüben beziehungsweise aufnehmen, um seine Aufgabe zu erfüllen. Dazu gehören Kräfte und Momente, um das Greifobjekt zu erfassen und um vorübergehend eine definierte Verbindung zwischen dem Objekt und der Greifeinrichtung aufrechtzuerhalten. Bei den von Greifern aufzubringenden Belastungen unterscheidet man:

- *Statische* Kräfte und Momente, die durch das Greifobjekt in der Regel in Folge der Gewichtskraft hervorgerufen werden
- *Dynamische* Kräfte und Momente, die im Zusammenhang mit einer Bewegung als Trägheitskräfte auftreten
- *Prozessbedingte* Kräfte und Momente, die beispielsweise als Anpress-, Füge- und Bearbeitungskräfte und -momente entstehen

Diese Kräfte und Momente müssen bekannt sein oder zumindest abgeschätzt werden, um einen Greifer auszuwählen oder auszulegen. Dabei ist die Ermittlung der statischen Kräfte in der Regel relativ einfach möglich, da das Bauteilgewicht meist bekannt ist oder einfach ermittelt werden kann. Die genaue Bestimmung der dynamischen und prozessbedingten Belastungen ist häufig aufwändig und wird daher durch Abschätzungen abgekürzt.

3.2.1 Greifprinzipien und Wirkstellen

Im Folgenden wird eine Übersicht über die wichtigsten Arten von Greifern sowie deren Merkmale gegeben. Für Greifer werden sehr unterschiedliche Greifprinzipien (Tab. 3.2) verwendet. Die beiden verbreitetsten Arten sind Klemm- und Sauggreifer, die etwa 90 % der verwendeten Greifer ausmachen. Die anderen Greifprinzipien richten sich meist nach dem Material des Objekts. Nadelgreifer sind besonders gut für textile oder poröse Werkstoffe geeignet. Magnetgreifer können bei ferromagnetischen Metallen und Legierungen aus Eisen, Kobalt und Nickel verwendet werden. Eine kontaktlose Übertragung der Greifkraft ist mit Bernoulligreifer und Ultraschallgreifer möglich, die bei sehr empfindlichen Oberflächen eingesetzt werden.

Die sogenannten Greifflächen sind die *Wirkstellen,* an denen der Greifer Kräfte auf das Greifobjekt überträgt. Die Anzahl der Wirkstellen hängt von Greifprinzip und Greifobjekt ab, zum Beispiel in Form von einem oder mehreren Saugnäpfen oder Magneten. Die *Wirkstellenverteilung* ist von der Greiferart und den Anforderungen des zu greifenden Objekts abhängig. Die Wirkstellen sind typischerweise parallel in einer Ebene verteilt, liegen sich gegenüber oder sind winkelig angeordnet. Bei manchen Greifern kommen individuelle Anordnungen hinzu. Zum Beispiel wird bei Saugspinnen (Abb. 3.7) eine bauteilspezifische Verteilung der Wirkstellen angewendet. Um die Flexibilität bezüglich der Anzahl greifbarer Objekte zu erhöhen, besteht die Möglichkeit, die Verteilung der Wirkstellen während des Betriebs zu verändern, beispielsweise durch Ausklappen, Zurückziehen und Verschieben von Wirkstellen.

Tab. 3.2 Morphologischer Kasten zu Greifprinzipien und Wirkstellen

Greifprinzip	Klemmgreifer Aufwälzgreifer Elektrostatikgreifer	Sauggreifer Gefriergreifer Hakengreifer	Nadelgreifer Klebegreifer Ultraschallgreifer	Magnetgreifer Bernoulligreifer
Anzahl der Wirkstellen	Einfach	Zweifach	Mehrfach	
Verteilung der Wirkstellen	Parallel/Eben	Gegenüberliegend	Winkelig	Individuell angepasst
Änderung der Wirkstellen relativ zum Flansch	Fix	Lineare Bewegung	Rotatorische Bewegung	Kombinierte Bewegung

3.2.2 Klemmgreifer

Klemmgreifer bringen die Greifkraft entweder durch Formschluss oder durch Kraftschluss auf. Bei einigen Greifern werden auch Kombinationen angewandt. Die Wirkstellen von Klemmgreifern befinden sich an den *Fingern* oder *Greifbacken,* welche bauteilspezifisch ausgeführt werden. Abb. 3.5 zeigt zwei typische Ausführungen von Klemmgreifern für einen zentrischen Griff mit drei Fingern und einen parallelen Griff mit zwei Fingern.

Die Auswahl eines passenden Greifers sowie die Gestaltung seiner Finger beeinflussen sich gegenseitig und sind von dem zu greifenden Objekt bzw. Objektspektrum abhängig. Weiterhin ist die Objektlage bei der Bereitstellung und Ablage zu berücksichtigen. Für die Fertigung der Finger bieten die Hersteller in der Regel Rohlinge an. Damit an der Wirkstelle des Greifers geeignete Oberflächenbedingungen vorliegen, werden je nach Materialpaarung zwischen Fingern und Greifobjekt Haftmatten oder Hartmetalleinsätze verwendet. Übliche Auswahlparameter für Greifer sind in Tab. 3.3 aufgeführt und umfassen eine Greifkraft von 1 bis 10.000 N und einen Hub der Finger von 1 bis 300 mm. Klemmgreifer werden elektrisch, pneumatisch oder hydraulisch angetrieben. Aufgrund der sinkenden Kosten und steigender Leistungsfähigkeit von elektrischen Antrieben kommen vermehrt elektrische Greifer zum Einsatz.

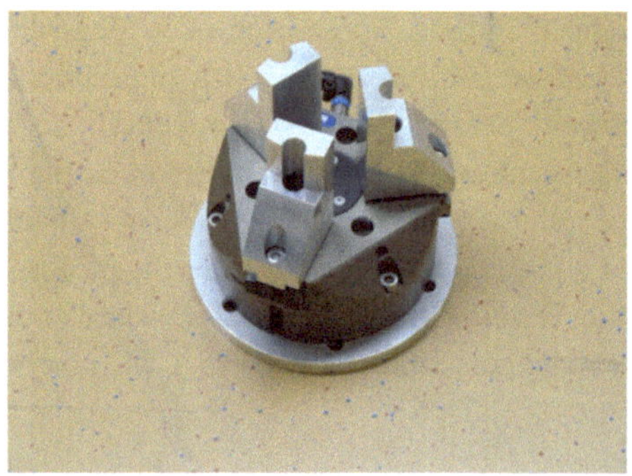

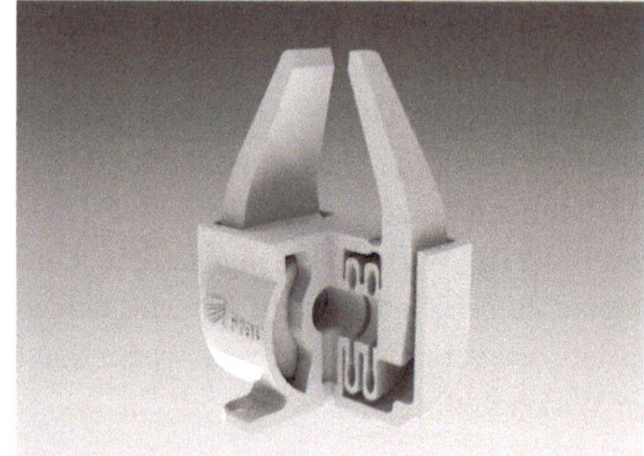

Abb. 3.5 Bauformen von Klemmgreifern: Zentrischer Greifer (links) und Parallelgreifer (rechts)

Tab. 3.3 Überblick über einige Auswahlparameter für Greifer

Auswahlparameter	Übliche Werte bzw. Ausprägungen
Greifkraft	1…10.000 N
Hub	1…300 mm
Fingerzahl	2…4, selten mehr
Fingerbewegung	Parallel, zentrisch, rotatorisch
Energieform	Elektrisch, pneumatisch, hydraulisch
Sonderfunktionen	Greifkraftsicherung, Kraftbegrenzung

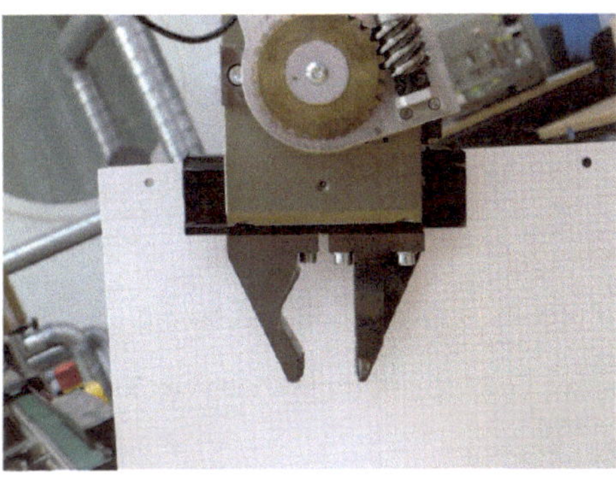
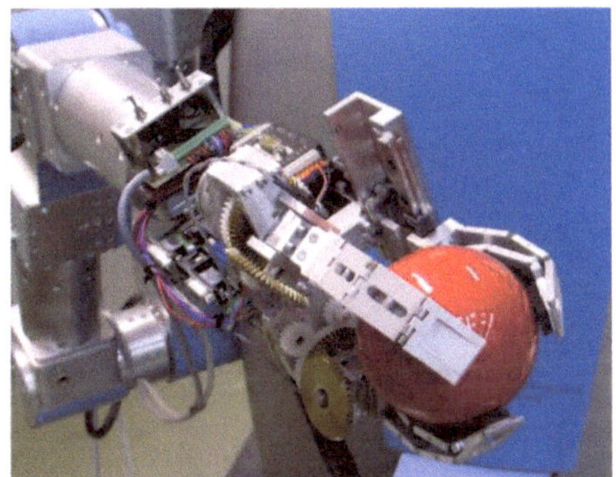

Abb. 3.6 Klemmgreifer mit bauteilspezifischen Greiffingern sowie flexibler Greifer für komplexe Objektformen

Eine typische Ausgestaltung der Greiferfinger ist in Abb. 3.6 dargestellt. Um mit einer Anzahl von Objektvarianten umgehen zu können, werden als Alternative für die spezifische Gestaltung der Finger sogenannte *flexible Greifer* eingesetzt, die sich der Form des Greifobjekts anpassen. Solche Lösungen kommen aufgrund ihrer geringeren mechanischen Robustheit in der Praxis bisher kaum zum Einsatz.

3.2.3 Sauggreifer

Das Saug- oder Vakuumgreifen basiert auf einer Druckdifferenz zwischen dem Umgebungsdruck und einem reduzierten Luftdruck unter dem Greifer. Die Greifkraft wird durch verschiedene Formen des Saugelements aufgebracht:

1. *Saugnapf* bzw. *Saugbalg:* Es gibt eine große Auswahl an Formen, Größen und Materialien für den Saugnapf. Die Saugnäpfe werden häufig zu Saugspinnen kombiniert. Bei großen Objekten können auch viele Saugnäpfe zum Einsatz kommen, um die aktive Fläche und damit die Kraft zu vergrößern (Abb. 3.7 links und Mitte).
2. *Flächensauger:* Dieser Sauger dichtet komplexere Oberflächen mit Schaum ab (Abb. 3.7 rechts).
3. *Globale Saugzelle:* Die Saugzelle wird für große Flächen und Kräfte eingesetzt. Die Abdichtung erfolgt mittels eines Vorhangs aus einer Kunststofffolie.

Beim Sauggreifen ist die Greifkraft proportional zur Fläche des Saugnapfs und zum Vakuumniveau, d. h. der relativen Druckdifferenz zwischen dem Umgebungsdruck und dem reduzierten Druck im Greifer. Ein mittleres Vakuumniveau (ca. 40 %) mit einem hohen Volumenstrom wird über Gebläse oder Pumpen erzeugt. Diese werden üblicherweise elektrisch

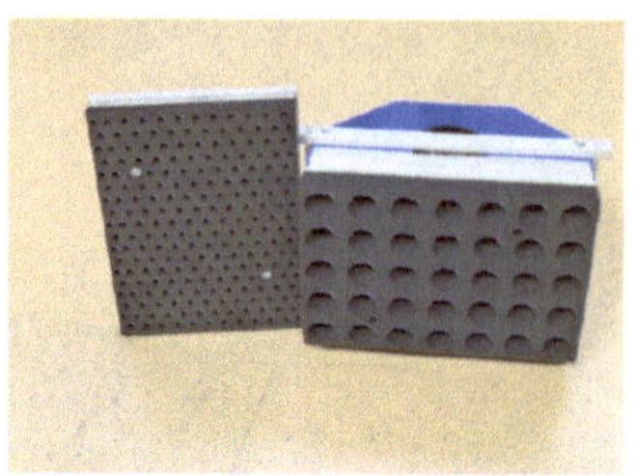

Abb. 3.7 Auswahl von typischen Sauggreifern: einzelner Saugnapf (links), mehrere Saugnäpfe in einer Saugspinne (Mitte) und ein Flächensauger (rechts)

Tab. 3.4 Auswahl von Herstellern von Greiftechnik für Klemm- und Sauggreifer

Art	Hersteller
Klemmgreifer	Festo, IPR, Schunk, Sommer Automatic, Robotiq, Zimmer
Sauggreifer	Bückeburg, Festo, Fipa, Piab, Schmalz

angetrieben. Für ein hohes Vakuumniveau mit geringem Volumenstrom können *Ejektoren* eingesetzt werden. Ejektoren werden mit Druckluft gespeist und generieren ein hohes Vakuumniveau (ca. 90–95 %) bei einem geringen Volumenstrom. Daher können Ejektoren nur angewendet werden, wenn das Saugelement dicht mit dem Greifobjekt abschließt.

Tab. 3.4 zeigt eine Auswahl gängiger Anbieter für Klemm- und Sauggreifer. In der Regel kann man bei dem jeweiligen Anbieter auch Zubehör wie Ejektoren oder Fingerrohlinge erwerben.

3.2.4 Weitere Greifprinzipien

Neben den dominierenden Klemm- und Sauggreifern gibt es weitere Arten von Greifern, die überwiegend für spezifische Anwendungen zum Einsatz kommen. Tab. 3.5 zeigt vier weitere Greifprinzipien. Das Greifen mit *Elektromagneten* stellt eine elegante Möglichkeit dar,

Tab. 3.5 Eigenschaften und Anwendungen weiterer Greifprinzipien

Greifer	Typische Greifobjekte	Bemerkungen
Magnetgreifer	Bleche, Schmiede-, Gussteile	Magnetisierung von Teilen
Nadelgreifer	Textilien, Schäume, poröse Objekte	Leichte Beschädigungen
Aufwälzgreifer	Kisten, Kartons, Trays, Six-Packs	Speziell in der Intralogistik
Ultraschall/Bernoulli	Wafer, Solarzellen, Glas	Berührungslos

auch große Greifkräfte auszuüben. Daher werden Magnetgreifer überwiegend bei Blechen, Schmiede- oder Gussteilen eingesetzt. Nachteilig ist dabei, dass die Bauteile magnetisiert werden, was bei nachfolgenden Prozessen wie der spanenden Bearbeitung hinderlich ist, da die Metallspäne an leicht magnetisierten Werkstücken haften bleiben.

Beim *Aufwälzgreifer* wird ein Friktionselement, z. B. eine Rolle oder ein beschichteter Riemen, stirnseitig gegen das zu greifende Objekt gedrückt. Über die Reibung zwischen dem Friktionselement und dem Greifobjekt wird dieses angehoben und auf das Förderelement aufgewälzt. Der Vorteil des Aufwälzens liegt darin, dass die Aufnahme über Reibung mit einer sehr großen Anzahl verschiedener Objektgrößen, Objektgewichte und Oberflächen funktioniert. Nachteilig ist die geringere Genauigkeit, mit der die Objekte aufgenommen werden. Aufwälzgreifer sind daher für Anwendungen mit sehr unterschiedlichen Gütern sinnvoll, etwa bei der Zusammenstellung von Kommissionen von verpackten Lebensmitteln.

Nadelgreifer werden für Textilien, poröse Objekte und Schäume eingesetzt. Beim Nadelgreifer werden spitze Metallstifte in einem flachen Winkel in das Objekt getrieben, so dass es sich mit dem Greifer verhakt. Durch dieses Eindringen wird das gegriffene Objekt leicht beschädigt.

Bernoulligreifer und Ultraschallgreifer werden für die Handhabung von empfindlichen Halbleitern wie Wafern oder Solarzellen eingesetzt. Der spezifische Vorteil der auf dem Bernoulli- oder dem Ultraschalleffekt beruhenden Greiftechnik ist, dass sie berührungslos arbeitet und so bei sehr empfindlichen Oberflächen angewendet werden kann. Bei einem Bernoulligreifer wird vom Greifer ein kleiner Luftstrom zwischen der Greiffläche und dem Greifobjekt ausgeblasen. Da in diesem Luftstrom der Luftdruck aufgrund des Bernoulli-Effekts geringer ist als in der ruhenden Luft unter dem Greifobjekt, entsteht eine Haftwirkung, ohne dass sich Greifer und Objekt berühren.

3.2.5 Einflussfaktoren auf die Greiftechnik

Abb. 3.8 zeigt einen Überblick der Faktoren, die einen Einfluss auf die anwendbare Greiftechnik haben. Der Einsatz des Greifers richtet sich nach der Aufgabenstellung. Weitere Aspekte sind die Objekteigenschaften und das -spektrum, d. h. die Variation der Eigenschaften, wenn mehr als ein Objekt mit demselben Greifer gehandhabt werden soll. Die Objekteigenschaften haben den größten Einfluss auf die zu wählende Greiftechnik. Sie setzen sich aus Form, Größe und Abmessungen, Gewicht, greifbare Bereiche, Drucksteifigkeit und Porosität zusammen (Abb. 3.8). Die *Form* des Objekts gibt die Kontur der Greifbacken bzw. die Anordnung der Saugnäpfe vor. Bei einem Klemmgreifer beeinflusst die Form auch den notwendigen Hub des Greifers. In ähnlicher Weise gehen die *Abmessungen* in die Größe des Klemmgreifers bzw. in die Auswahl der Saugspinne ein. Bei Sauggreifern bestimmt das *Gewicht* des Objekts die notwendige Saugkraft und damit die Fläche und das Vakuumniveau. Entsprechend muss beim Klemmgreifer die Greifkraft ausgewählt werden. Im Allgemeinen kann die *Gewichtsverteilung* in Greifobjekten exzentrisch sein, so dass

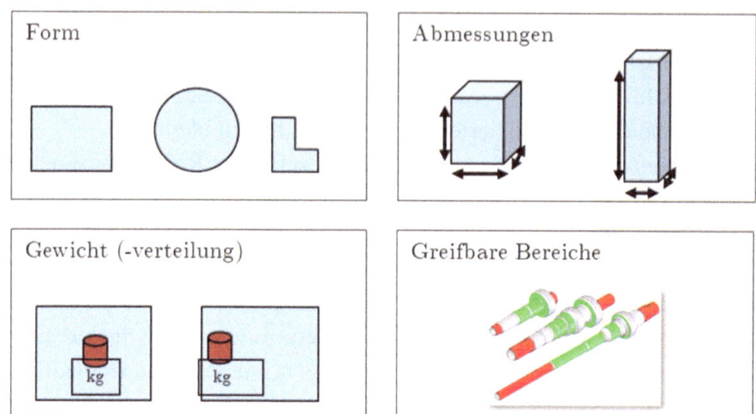

Abb. 3.8 Wichtige Eigenschaften von Greifobjekten für die Auswahl des Greifers

das Kippmoment des Objekts durch geeignet verteilte Saugstellen bzw. ausreichend große Greifkräfte aufgenommen werden kann. *Drucksteifigkeit* beeinflusst die notwendige Verteilung der Wirkstellen und die *Porosität* bzw. Oberflächenstruktur bedingt beim Saugen den benötigten Volumenstrom. Schließlich müssen die Form der *Bereitstellung* und Ablage ebenso wie die gewünschte Taktzeit bzw. der Durchsatz einbezogen werden.

3.2.6 Bereitstellung und Ablage

Die Bereitstellungs- und Ablagesituation definiert den Ordnungszustand der zu greifenden Objekte vor und nach der Handhabung. Man unterscheidet zwischen geordneter, teilgeordneter und chaotischer Bereitstellung (siehe Abb. 3.9). Zur Bewertung wird die Definiertheit der

Abb. 3.9 Je nach Ordnungsgrad der Bereitstellung müssen unterschiedliche Greifer und zusätzliche Sensoren verwendet werden: Vorrichtung mit exakt ausgerichteten Objekten (links) und chaotische Bereitstellung (rechts)

Objektlage mit einem Wert identifiziert, wobei eine unbekannte Lage einen geringen Wert darstellt und eine bekannte und erwünschte Lage des Objekts einem hohen Wert entspricht. Eine Handhabungsaufgabe dient in diesem Sinne dazu, die Definiertheit der Objektlage und damit den Wert zu erhöhen. In nachfolgenden Produktionsschritten sollte daher vermieden werden, die einmal bekannte Objektlage aufzugeben. Je ungeordneter die Objekte vorliegen, desto mehr Hub, Sensorik und Bildverarbeitung wird benötigt, um den Ordnungszustand zu erhöhen. Wenn ein Objekt beispielsweise mit einer großen Unsicherheit in seiner Orientierung vorliegt, müssen die Backen eines Greifers weiter geöffnet werden, was wiederum mit höheren Kosten einhergeht. Funktionen für Bildverarbeitung und Sensorik können vom Hersteller in die Endeffektoren integriert werden oder als Peripherie in die Roboterzelle eingebaut werden. Die Bereitstellung kann durch verdeckte Bereiche erschwert werden, an denen das Greifen oder Ablegen nicht möglich ist.

3.2.7 Taktzeit und Durchsatz

Innerhalb einer Applikation beeinflusst die Betätigung des Greifers die Taktzeit in der Regel nur wenig, da die Greif- und Lösezeiten eines Greifsystems beim Klemmen und Saugen kurz sind. Typische Werte liegen bei einer Sekunde und weniger. Um den Durchsatz zu steigern, ist es auf der Ebene des Greifsystems möglich, von einem Einzelgriff auf den Mehrfach- (Abb. 3.10) oder auf einen Lagengriff umzusteigen. Beides kann in der Regel nur bei einer geeigneten Bereitstellung erfolgen. Außerhalb des Greifsystems wird die Taktzeit bei der Handhabung durch die Länge des Transportwegs, die zulässige Beschleunigung und Geschwindigkeit des Handhabungssystems und die Nebenzeiten, wie z. B. das Warten auf Sensorsignale, beeinflusst. Eine Durchsatzsteigerung kann durch eine optimierte Roboterbahn, durch Verkürzung der Transportwege in Form einer Layout-Optimierung, eine andere Fördertechnik sowie durch schnellere bzw. mehrere Roboter erfolgen.

3.3 Werkzeuge, Mess- und Prüfsysteme

Neben Greifern kommen auch andere Arten von Endeffektoren zum Einsatz. Die Auswahl oder die Entwicklung solcher Werkzeuge sowie Mess- und Prüfsysteme orientiert sich am zu automatisierenden Prozess. Roboterwerkzeuge sowie Mess- und Prüfmittel lassen sich folgendermaßen einteilen:

- Adaption eines *Handwerkzeugs* (z. B. Schweißbrenner, Entgratwerkzeug)
- Adaption eines *Maschinenwerkzeugs* (z. B. Frässpindel, Schweißlaser, Schraubautomat)
- *Sonderlösung* (z. B. Wickeln von Sattelspulen, Verlegen von Dichtungen)

Abb. 3.10 Beispiel für einen Mehrfachgreifer, der bei entsprechend geordneter Bereitstellung fünf Objekte gleichzeitig aufnimmt

Menschliche Fähigkeiten oder Maschineneigenschaften werden nachgebildet, indem zusätzliche Achsen oder Sensoren in die Werkzeuge integriert werden. Um einen Fügeprozess zum Beispiel genauer oder schneller als manuell möglich auszuführen, können z. B. eine Nahtverfolgung beim Schweißen oder die Regelung der Andruckkraft bei Fügeprozessen integriert werden. Prozessspezifische Endeffektoren werden von Herstellern für Werkzeuge, Mess- und Prüfsysteme angeboten, die vermehrt auch Hand- oder Maschinenwerkzeuge anbieten. Sonderlösungen für Roboter werden dagegen häufig von Systemintegratoren entwickelt.

3.3.1 Standardwerkzeuge

Für das *Schweißen* werden eine Reihe von für Roboter spezialisierte Werkzeuge angeboten. Dies reicht von Schweißzangen für das Widerstandspunktschweißen über Schweißbrenner für das Bahnschweißen bis hin zu Schweißoptiken für das Laserschweißen.

Die üblichen Werkzeuge für die *Bearbeitung* sind Fräs-, Bohr- und Entgratspindel sowie Schleifwerkzeuge und Strahlpistolen. In der Praxis werden für die Bearbeitung häufig umgebaute oder angepasste Maschinenwerkzeuge verwendet, die anhand von Adaptern an den Roboter angeflanscht werden (Abb. 3.3).

Eine ähnliche Situation findet man bei den Endeffektoren für das Beschichten und Kleben. Sprüh- und Lackierpistolen sind in Roboterausführungen erhältlich, die im Wesentlichen Adaptionen des entsprechenden Handwerkzeugs darstellen. Klebepistolen und Klebewerkzeuge bringen eine Raupe oder einen Film des Klebstoffs auf. Bei Klebeapplikationen finden sich häufig auch stationäre Werkzeuge mit Werkstückführung, an denen der Roboter das Bauteil entsprechend der aufzutragenden Kleberaupe vorbeiführt. Eine typische Anwendung ist das Auftragen von Kleber auf Fenster und Scheiben im Automobilbau.

Ebenso gehören Endeffektoren für Montageprozesse wie Schrauben, Nieten und Clinchen zu den Standardwerkzeugen für Roboter. Diese Werkzeuge werden in der Regel mit einer automatisierten Zuführung der Fügehilfsmittel, wie z. B. Schrauben oder Nieten, verwendet. Hierdurch lassen sich Fügeprozesse in rascher Folge ausführen. Bei Prozessen wie dem Nieten und Clinchen kommen in der Regel U-förmige Zangen zum Einsatz, um die hohen Prozesskräfte nicht mit der vergleichsweise nachgiebigen Roboterstruktur aufzunehmen. Bei großen Bauteilen werden auch kooperierende Roboter eingesetzt, die synchronisiert von beiden Seiten des Bauteils operieren.

Mess- und Prüfmittel bestehen im Kern aus einem Sensor, der in einen Endeffektor integriert ist. Abb. 3.11 zeigt als Beispiel eine Kamera an einem Roboterarm. In ähnlicher Weist können Laserscanner, Ultraschallsensoren und Röntgensensoren als Messmittel bzw. *Sensoren* verwendet werden. Heute werden Kameras häufig zur Inspektion von Werkstücken eingesetzt. Laser finden ihren Einsatz für die Schweißnahtverfolgung oder zum Prüfen der Schweißnähte. Ebenso ist der Einsatz von Ultraschall- und Röntgensensoren üblich, um die Qualitätskontrolle zu automatisieren.

Abb. 3.11 Beispiel für die Bearbeitung mit einer Frässpindel sowie für Messaufgaben mit einem Roboter: Eine Kamera wird mit einem Roboterarm positioniert

3.3.2 Zubehör

Für den prozesssicheren Betrieb von Endeffektoren ist unterstützendes Zubehör erforderlich. Dieses wird zwischen dem Roboter und dem Endeffektor montiert. Dabei ist auch eine Kombination mehrerer Module üblich. Tab. 3.6 führt die wichtigsten Funktionen solcher Module auf. *Werkzeugwechsler* werden dazu verwendet, um mehr als einen Endeffektor an demselben Roboter zu betreiben (Abb. 3.12). Die Hälfte des Werkzeugwechslers im rechten Teil des Bilds wird an den Roboterflansch geschraubt, während die linke Hälfte mit dem Werkzeug verbunden wird. Im Gegensatz zu einem Greifer ist bei einem Werkzeugwechsler die Genauigkeit höher und es können zusätzlich auch Versorgungsleitungen für Strom, Daten, Druckluft und Medien durchgeführt werden. Über einen *Werkzeugbahnhof* können dann zwei oder mehr Werkzeuge innerhalb der Roboterzelle verwendet und vom Roboter automatisch ausgewechselt werden. So können unterschiedliche Prozessfolgen in einer Roboterzelle automatisiert ausgeführt und damit die Flexibilität der Fertigung erhöht werden.

In Abb. 3.12 rechts ist ein Kraftmomentensensor am Flansch eines Roboters angebracht. Der Kraftmomentensensor erlaubt die Messung der Prozess- und Gewichtskräfte. Dadurch

Tab. 3.6 Wichtige Funktionen, die durch Zubehör geleistet werden

Funktion	Beschreibung
Wechseln	Austauschen von Endeffektoren für verschiedene Prozessschritte, erfordert auch Greifer-/ Werkzeugbahnhof
Schützen	Durch Auslenken (evtl. auch Not-Aus) bei Überlast oder Kollision
Ausgleichen	Nachgiebigkeit in x-, y- und/oder z-Richtung, um Ungenauigkeiten beim Positionieren auszugleichen, speziell in der Montage
Messen	Prozesskräfte und -momente ermöglichen Monitoring und Prozessregelung
Durchführen	Elektrik, Pneumatik, Hydraulik; verhindert Aufwickeln beim Drehen

Abb. 3.12 Abbildungen eines Werkzeugwechslers (links) und eines Kraftmomentensensors (rechts)

wird eine Prozessüberwachung bezüglich der aufgebrachten Prozesskräfte ermöglicht. Ein weiteres Beispiel für einen Bewegungsausgleich ist der sogenannte *Z-Ausgleich* oder ein aktiver Kontaktflansch.

3.3.3 Peripherie

Unter *Peripherie* versteht man beim Roboter solche Geräte, die den Betrieb des Endeffektors erst ermöglichen. Zur Peripherie gehören Schläuche, Kabelschutzsysteme, Sensor- und Aktorverteiler sowie ein Werkzeugbahnhof. Diese Geräte gehören zum Endeffektor, befinden sich aber nicht am Roboterflansch, sondern werden an geeigneten Stellen der Roboterzelle aufgebaut bzw. verlegt. Für alle Kabel und Schläuche, die an den beweglichen Roboterarm angebracht werden, gilt, dass sie schleppkettentauglich oder robotertauglich sein müssen, um den ständigen Biegewechseln infolge der Roboterbewegung zu widerstehen. Um einem Verhaken vorzubeugen, sollten diese Versorgungsleitungen in Schutzschläuchen oder Schleppketten geführt werden.

Mit dem Roboter und dem Endeffektor wurden nun in diesem Buch die wichtigsten Geräte eines Robotersystems vorgestellt, mit deren Hilfe eine Vielzahl von Fertigungsprozessen automatisiert werden kann. Im nächsten Kapitel wird darauf eingegangen, wie das Zusammenspiel dieser Geräte mittels der Steuerung erfolgt.

Literatur

1. Hesse S (2005) Robotergreifer: Funktion, Gestaltung und Anwendung industrieller Greiftechnik. Hanser, München
2. Wolf A, Schunk HA (2016) Greifer in Bewegung: Faszination der Automatisierung von Handhabungsaufgaben. Hanser, München
3. VDI (1995) Mechanische Einrichtungen in der Automatisierungstechnik – Greifer für Handhabungsgeräte und Industrieroboter (VDI 2740 Blatt 1). VDI Verlag, Berlin

Steuerungstechnik

4

Zusammenfassung

Die Steuerung erweckt den Roboter zum Leben und ist der Schlüssel zur automatischen und weitgehend autonomen Ausführung von Aufgaben. Der wesentliche Nutzen von Robotern ergibt sich daraus, dass ihre Bewegung für eine Vielzahl von Anwendungen durch die Steuerung programmiert werden kann. Damit kann ein Roboter des gleichen Typs durch Konfiguration als Handhabungsgerät, als Schweißroboter oder als Bearbeitungsmaschine verwendet werden. Neben der Bewegung des Roboters interagiert die Robotersteuerung mit Peripheriegeräten des Roboters und übergeordneten Steuerungen. Im Gegensatz zu anderen computergesteuerten Maschinen wird die mit einem Roboter genutzte Steuerung praktisch immer vom Hersteller des Roboter geliefert, d. h. das Fabrikat des Roboters definiert auch gleichzeitig die verwendete Steuerung.

4.1 Grundelemente der Robotersteuerung

Die Steuerung der meisten Industrieroboter wird vom Roboterhersteller in Form eines Schaltschranks zusammen mit dem Roboter ausgeliefert. Dieser Schaltschrank wird üblicherweise vor oder in der Roboterzelle aufgestellt und beinhaltet alle Komponenten, um den Roboter in Betrieb zu nehmen. Die wesentlichen Bestandteile der Robotersteuerung sind die *Leistungselektronik*, der *Steuerungscomputer*, die darauf installierte *Steuerungssoftware*, das *Handbediengerät* und die *elektrischen Schnittstellen*. Einen Überblick über die Hauptfunktionen der Robotersteuerung gibt Abb. 4.1.

Die Leistungselektronik treibt die Motoren des Roboters an und wertet die in den Roboter fest eingebauten Sensoren aus. Die Steuerung ist eine Software, die auf dem Steuerungscomputer ausgeführt wird. Heute werden überwiegend sogenannte *Industrie Personal Computer* (Industrie PC bzw. IPC) eingesetzt, die sich nicht wesentlich von

A. Pott und T. Dietz, *Industrielle Robotersysteme*,
https://doi.org/10.1007/978-3-658-25345-5_4

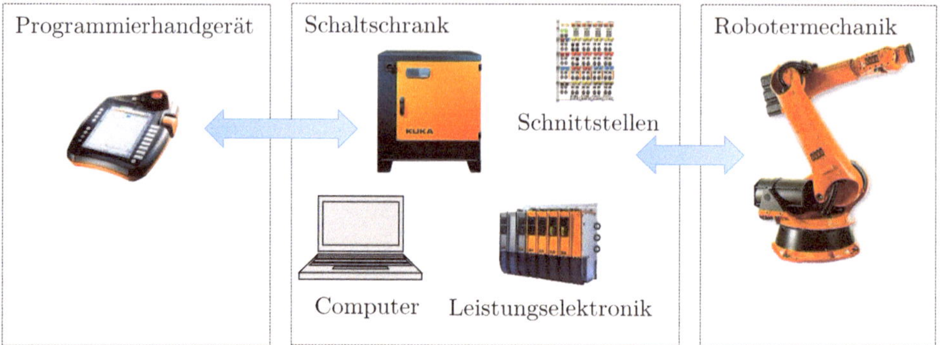

Abb. 4.1 Überblick über die Hauptbestandteile der Robotersteuerung

gebräuchlichen Desktop-Computern unterscheiden. Die Hauptkomponenten wie Hauptprozessor, Hauptspeicher und Festplatten sind robustere Ausführungen der Büroversionen, welche die in Fabriken herrschenden rauen Bedingungen wie Staub, Schmutz, Hitze und Vibrationen ertragen können. Auf diesen Computern sind spezielle Betriebssysteme installiert, in die die Robotersteuerung fest integriert ist. Eine Veränderung dieser Installation ist für Endanwender nicht vorgesehen. Für die Mensch-Maschine-Schnittstelle steht bei Robotern ein Handbediengerät zur Verfügung, welches heute aus einem Bildschirm, Bedientasten und einem Notausschalter besteht. Nach dem Start des Roboters dient das Handbediengerät dazu, den Roboter zu bewegen, durch Eingabe zu programmieren und fertige Programme zu starten. Im Schaltschrank des Roboters finden sich die elektrischen Schnittstellen. Hier werden die Stromversorgung aus dem Netz angeschlossen, das Handbediengerät verbunden und der Roboterarm mit dem Roboterschaltschrank verbunden. Auch die Schnittstellen zum Anschluss der Sicherheitstechnik, des Endeffektors sowie weiterer Peripherie der Roboterzelle finden sich im Schaltschrank. Vertiefte Informationen zur industriellen Steuerungstechnik sind dabei im Buch „Einführung in die Steuerungstechnik“ [1] von Pritschow zu finden.

4.2 Aufbau der Robotersteuerung

Die Leistungselektronik ist direkt mit den Motoren des Roboters verbunden. Handelsübliche Roboter werden servoelektrisch angetrieben und benötigen zur Ansteuerung daher Frequenzumrichter. Diese Antriebe haben einen hohen Wirkungsgrad und verfügen über einen hoch entwickelten Regelkreis, der die von der Robotersteuerung kommenden Sollwerte für die Gelenkstellungen mittels einer Kaskadenregelung mit Resolvern bzw. Inkrementalgebern als Sensoren in den Motoren nahezu fehlerfrei ausführt. Dieses Antriebssystem ist für Endanwender und Systemintegratoren geschlossen und vom Hersteller ausgewählt und eingestellt.

Die Sollwerte für die Antriebe werden von der *Bewegungssteuerung* des Roboters erzeugt. Anhand des Roboterprogramms berechnet die Bewegungssteuerung den vorgegebenen Pfad des Endeffektors, zerlegt den Pfad mittels des *Interpolators* in Bahnpunkte und rechnet diese anhand der inversen kinematischen Transformation in Sollgrößen für die Antriebe um. Der Interpolator zerlegt dabei die im Programm definierte Bewegung in kurze Teilabschnitte. Dies geschieht üblicherweise in einem Takt von 4–12 ms. Die Sollgrößen für die Gelenkpositionen werden in einem festen Takt zwischen 100 und 1000 Hz über einen Feldbus an die Antriebe gesendet. Die Regelung der Antriebe sorgt dafür, dass der Roboter die geforderte Bewegung ausführt. Die gemessenen Gelenkpositionen werden von den Antrieben an die Bewegungssteuerung zurückgeliefert. Die Bewegungssteuerung rechnet die Gelenkpositionen mittels der direkten kinematischen Transformation in Weltkoordinaten um und vergleicht diese mit dem Sollwert. An dieser Stelle findet eine reine Überwachung statt, d. h. es wird nur überprüft, ob die Abweichung vom Sollwert akzeptabel ist. Einen Überblick über den typischen Aufbau der Bewegungssteuerung gibt Abb. 4.2.

Für die Bedienung und Programmierung des Roboters wird ein *Handbediengerät* oder Programmierhandgerät mitgeliefert, welches als Mensch-Maschine-Schnittstelle dient. Bei aktuellen Robotern besteht dieses aus einem Bildschirm mit darum gruppierten Bedienelementen. Die Form und Größe des Programmierhandgeräts entspricht robusten Ausführungen von Tabletcomputern und auch die Bedienerführung der Steuerung gleicht sich zunehmend an Bedienelemente von Desktop-Computern an. So sind mittlerweile auch bei Handbediengeräten für Roboter Touchscreens gängig. Bezüglich Gewicht und Form sind Programmierhandgeräte so ausgeführt, dass sie sich gut mit einer Hand halten und mit der anderen Hand bedienen lassen. Übliche Ausführungen werden mit einem langen Kabel mit der Robotersteuerung verbunden. Neuere Programmierhandgeräte sind häufig per Funk angebunden.

Manche Hersteller setzen anstelle von fest belegten Tasten auf sogenannte *Softkeys* oder verwenden die Touchscreentechnik, bei der virtuelle Bedienelemente auf dem Bildschirm angezeigt und aktiviert werden können. Zusätzlich zu den Elementen zur Bedienung der

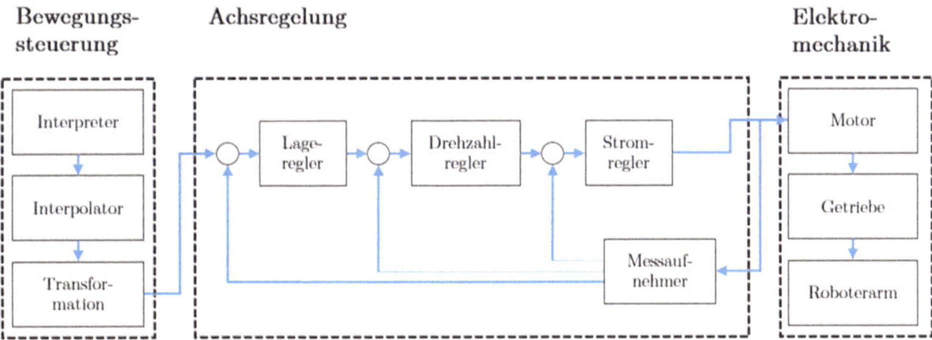

Abb. 4.2 Aufbau der Bewegungssteuerung mit Achsregelung und Elektromechanik eines Industrieroboters

Bewegungssteuerung sind auf dem Programmierhandgerät Tasten wie die Antriebsfreigabe, ein Not-Aus-Taster sowie in der Regel ein Zustimmtaster für die Bewegungsfreigabe des Roboters integriert. Diese sind durch einschlägige Standards und Normen vorgeschrieben und daher als separate Elemente ausgeführt. Mit dem Handbediengerät kann der Roboter achsweise oder in Weltkoordinaten bewegt werden (Joggen). Weiterhin können Programme erzeugt und bearbeitet werden (Programmmieren, Teachen). Schließlich lassen sich fertige Programme über das Handbediengerät laden und starten.

Neben der Bedienung über das Programmierhandgerät kann auch ein PC mit Tastatur und Maus zur Bedienung angeschlossen werden. In der Regel wird auf einer zur Robotersteuerung gehörenden Software eine ähnliche Bedienoberfläche angezeigt, wie sie auf dem Programmierhandgerät zu sehen ist.

Die Robotersteuerung muss neben der Bewegung des Roboters auch den Endeffektor und die Peripherie der Roboterzelle koordinieren. Dies erfolgt in der Regel über Schnittstellen, die in Form von Ein- und Ausgängen für digitale Signale ausgeführt sind. Diese Signale können im Roboterprogramm gesetzt werden, um damit z. B. einen Greifer zu betätigen oder ein Förderband einzuschalten. Über die Eingänge kann die Robotersteuerung mit Sensoren oder Signalen anderer Maschinen verbunden werden. So kann die Robotersteuerung feststellen, ob ein vorangegangener Prozess abgeschlossen oder ob eine Lichtschranke ausgelöst wurde. Bei einfachen Automatisierungsaufgaben wie der Handhabung übernimmt die Robotersteuerung die Koordination des Ablaufs. Bei komplexen Prozessen und in Roboterzellen mit mehreren Robotern wird diese Koordination in der Regel durch eine speicherprogrammierbare Steuerung (SPS) als Zellsteuerung übernommen.

4.3 Roboterprogramme

Die wesentlichen Vorteile von Industrierobotern leiten sich aus der Tatsache ab, dass Roboter Programme ausführen können, die ihr Verhalten bestimmen. Roboterprogramme definieren überwiegend die Bewegung des Roboters und können von sehr einfachen Bewegungen wie dem Transport von A nach B bis hin zu vielen hunderttausend Positionierbefehlen beim Bearbeiten oder 3D-Drucken reichen. Darüber hinaus sind im Programm Befehle zur Interaktion mit der Umgebung, z. B. durch das Setzen von Ausgängen oder das Warten auf Eingänge definiert. Ähnlich zu Hochsprachen in der Computerprogrammierung verfügen Roboterprogrammiersprachen über Kontrollstrukturen, wie z. B. Schleifen oder bedingte Verzweigungen.

4.3.1 Bewegungsarten und Programmiersprachen

Die wichtigsten Befehle einer Robotersteuerung sind die Bewegungsbefehle für die Robotermechanik. Die Programmierung des Roboters bezieht sich auf den Tool Center Point (TCP), dessen Position und Orientierung sich vorgeben lässt. Man unterscheidet zwei

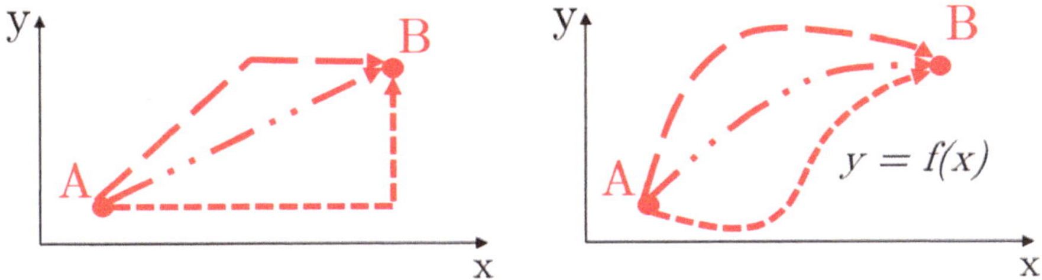

Abb. 4.3 Verschiedene Bewegungspfade bei der synchronen und asynchronen Interpolation der Einzelachsen

Bewegungsarten: Bei der Punkt-zu-Punkt-Bewegung (PTP)[1] wird nur die Zielposition des Roboterarms spezifiziert und der Roboter wählt selbsttätig die aus Sicht der Kinematik kürzeste Verbindung (Abb. 4.3). Dabei werden alle Achsen auf kürzestem Wege und damit in der schnellst möglichen Zeit auf die Zielposition bewegt. In älteren Steuerungen wird diese Bewegung als *undefiniert* charakterisiert. Bei heutigen Steuerungen ist die Bewegung deterministisch und prozesssicher wiederholbar, aber für den Bediener nicht vorhersehbar. Als Alternative zu der PTP-Bewegung kann die genaue *Bahn* anhand von linearen Bewegungen (LIN) und Bögen (CIRC) vorgegeben werden. Bei dieser Art der Bewegung fährt der Roboter mit einer vorgegebenen Geschwindigkeit entlang des definierten Pfads zum nächsten Wegpunkt. Diese Art der Bewegung wird bei allen Prozessen angewendet, die eine geometrisch definierte Ausführung erfordern wie z. B. Bahnschweißen, Fräsen und Klebstoff aufbringen. Dank leistungsfähiger Steuerungscomputer spielt der höhere Rechenaufwand für die Bahnsteuerung keine Rolle mehr. Für tiefer gehende Details zur Bewegungsplanung und Ausführung durch Roboter wird das Buch „Motion Planning“ von Kröger [2] empfohlen.

Die Roboterprogrammiersprachen verfügen darüber hinaus über grundlegende Konzepte von Computer-Hochsprachen. Diese beinhalten die Definition von Variablen, Kontrollstrukturen (if-then-else, for-Schleife) und Unterprogrammen. Weiterhin stehen spezifische Befehle für das Lesen und Setzen von Signalen auf den Schnittstellen zur Verfügung. Damit kann ein Roboterprogramm einen Greifer aktivieren oder darauf warten, dass eine zu entladende Maschine signalisiert, dass sie bereit ist. Eine Kommunikation mit einer übergeordneten Steuerung bzw. mit dem Leitsystem erfolgt über einen Feldbus bzw. über ein Netzwerk. Die meisten Robotersteuerungen sind in der Lage, Datenpakete über die Protokolle TCP/IP bzw. UDP[2] zu empfangen und zu senden. In der jüngeren Vergangenheit setzt sich immer mehr das Protokoll OPC-UA [3] zur nicht-echtzeitkritischen Kommunikation zwischen Maschinen bzw. zur Leitebene durch. Der Programmierung von Robotern ist das Kap. 5 gewidmet.

[1] vom englischen *Point-To-Point* (PTP).

[2] Dabei handelt es sich um die im Internet überwiegend genutzten Protokolle *Transport Control Protocol/Internet Protocol* (TCP/IP) sowie *User Datagram Protocol* (UDP).

4.3.2 Technologiepakete

Um die Entwicklung von Roboterzellen für verbreitete Prozesse wie das Schweißen zu erleichtern, bieten die Roboterhersteller *Technologiepakete* an. Dabei handelt es sich um prozessspezifische Erweiterungen der Robotersteuerung, die z. B. die Bewegungen des Roboters auf einem tieferen Niveau der Steuerung synchronisieren oder Sensoren auf eine Weise in das Roboterprogramm integrieren, wie es allein durch die Standardmittel des Roboterprogramms nicht möglich wäre. Technologiepakete erlauben z. B. die Bearbeitung eines sich bewegenden Bauteils. Dazu wird die Bewegung des Roboters mit einem externen Förderband synchronisiert. Eine Anwendung hierfür ist die sogenannte *fliegende Säge,* bei welcher der Roboter eine Säge über eine sich auf einem Förderband bewegende Platte führt und dank der Synchronisierung mit dem Förderband einen geraden Schnitt senkrecht zur Bewegungsrichtung der Platte erzeugen kann. Weitere Beispiele sind die Überlagerung einer Pendelbewegung mit der Roboterbahn beim Schweißen oder das Synchronisieren der Vorschubbewegungen einer externen Achse mit der aktuellen Geschwindigkeit des Roboters. Alle diese Funktionen erfordern eine Interaktion mit den inneren Regelkreisen des Roboters, auf die der Endanwender und in der Regel der Systemintegrator keinen Zugriff haben. Durch optionale und zusätzlich zu erwerbende Technologiepakete können diese Funktionen der Robotersteuerung hinzugefügt werden.

4.3.3 Kompatibilität von Roboterprogrammen

Roboterprogramme lassen sich prinzipiell auf andere Roboter des gleichen Herstellers und der gleichen Steuerungsgeneration übertragen. Sind die Roboter dabei unterschiedlich groß, muss die Erreichbarkeit erneut geprüft werden und auch eine erneute Überprüfung auf Singularitäten wird erforderlich. Sofern das Programm über Schnittstellen mit anderen Geräten kommuniziert, müssen diese bezüglich der Belegung geprüft und angepasst werden. In der Regel ist auch ein Nachteachen des Roboters erforderlich, da die Roboter aufgrund von Herstellungstoleranzen geringfügig voneinander abweichen. Daher müssen die einzelnen Zielpunkte des Roboterprogramms manuell an diese Abweichungen angepasst werden.

Jeder Roboterhersteller hat für seine Steuerungen eine eigene Programmiersprache entwickelt und die Sprachen verschiedener Hersteller sind untereinander inkompatibel. Konzeptionell und im Leistungsumfang unterscheiden sich die einzelnen Steuerungen nicht sehr stark. Dennoch ist der Aufwand für die Portierung einer fertigen Lösung von einem Roboterhersteller auf einen anderen fast so groß wie eine Neuentwicklung der Automatisierungslösung (Abb. 4.4).

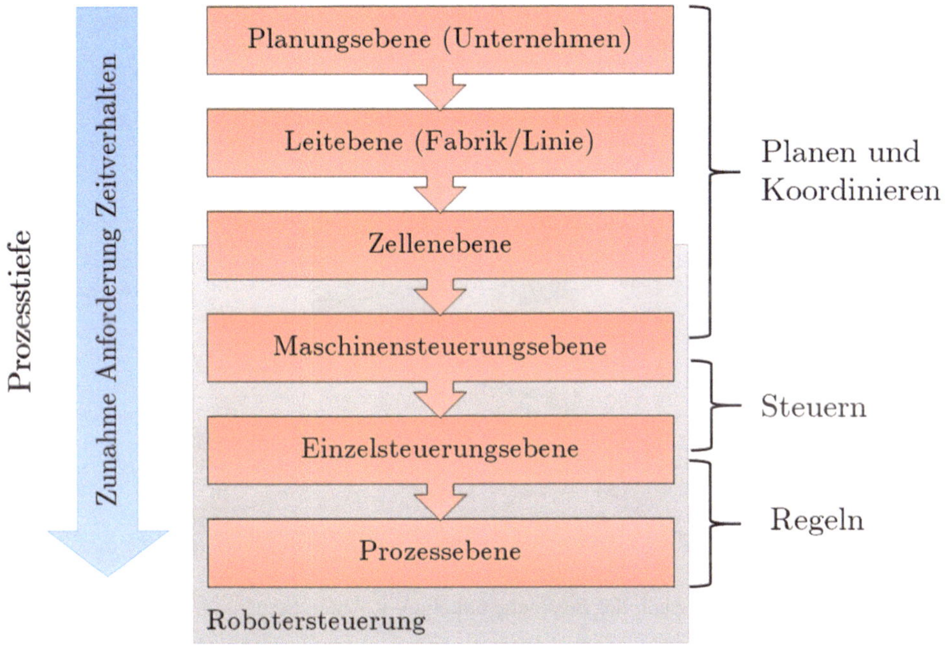

Abb. 4.4 Hierarchische Struktur als Ebenen in einer industriellen Steuerung

4.4 Steuerungsintegration für Roboterzellen

Ein wichtiger Schritt bei der Integration von Roboterzellen ist die steuerungstechnische Verbindung aller beteiligten Komponenten. Umfang und Komplexität dieser Aufgabe hängt stark davon ab, welcher Prozess automatisiert wird und in welchem Umfeld die Roboterzelle integriert werden soll. Im Folgenden werden exemplarische Funktionsumfänge an einem Beispiel erläutert.

4.4.1 Überblick

Zunächst wird eine einfache Roboterzelle (Abb. 4.5) für eine Handhabungsaufgabe betrachtet. Eine solche Zelle könnte bei einem mittelständischen Unternehmen eine einfache Handhabungsaufgabe wie das Einlegen von Bauteilen in eine Produktionsmaschine umsetzen. Die Bauteile werden über Werkstückträger zugeführt, mit einem Klemmgreifer aufgenommen und an definierten Positionen in einer Vorrichtung abgelegt. Die Roboterzelle ist mit einem Zaun mit Tür abgesichert. In diesem Szenario werden alle Geräte und deren

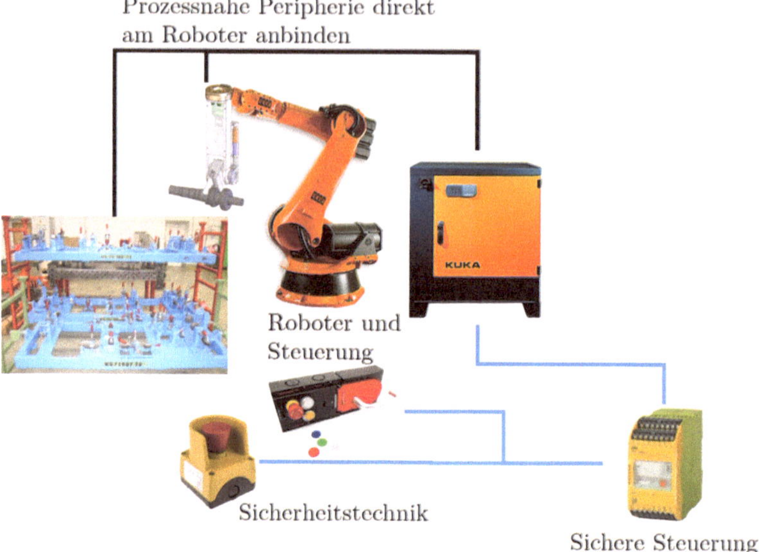

Abb. 4.5 Die Kernkomponenten der Beispielapplikation: Roboter, Steuerung, Greifer, Sicherheitstechnik, Vorrichtungen

Funktionen in der Roboterzelle durch die Robotersteuerung koordiniert. Ein Maschinenbediener startet den Vorgang mittels des Programmierhandgeräts und der Roboter führt den Prozess automatisch aus, bis das jeweilige Los abgearbeitet ist.

4.4.2 Sensorintegration

Bei der ersten Erweiterung dieser Roboterzelle wird eine Sensorlösung mit Bildverarbeitung hinzugefügt. Während sich einfache Sensoren, wie z. B. Lichtschranken, direkt an die Robotersteuerung anschließen lassen, benötigt ein 3D-Sensor oder eine Kamera einen zusätzlichen Computer für die Datenauswertung. Ähnliche Konfigurationen ergeben sich bei Funktionen für die Qualitätssicherung und bei messtechnischen Anwendungen. Die Steuerungsstruktur des so erweiterten Robotersystems ist in Abb. 4.6 dargestellt. Der oder die Sensoren werden an geeigneten Stellen in die Roboterzelle eingebracht und mit einem Industrie-PC für die Auswertung verbunden. Dieser wird meist von einem auf Bildverarbeitung spezialisierten Hersteller bereitgestellt. Der Mangel an passenden Standards und Plattformen verhindert in der Regel, dass die Funktionen zur Auswertung auf dem bereits vorhandenen Computer der Robotersteuerung ausgeführt werden können. Daher kommt meist eine proprietäre Schnittstelle des Roboterherstellers zwischen Sensor und Robotersteuerung zum Einsatz.

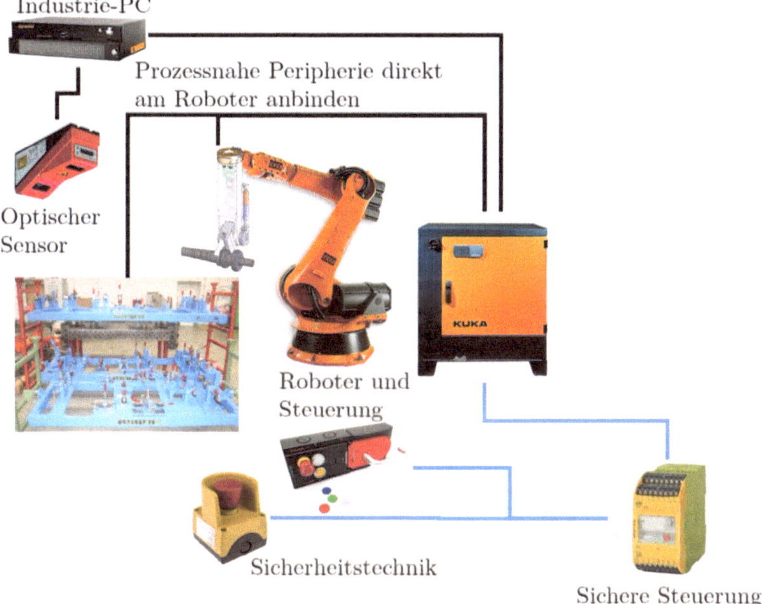

Abb. 4.6 Erweiterung der Roboterzelle um eine Bildverarbeitungslösung

4.4.3 Monitoring und Fernwartung

In der nächsten Ausbaustufe dieses Beispiels wird ein System für die Prozessüberwachung und Fernwartung aufgesetzt (Abb. 4.7). Dieses besteht aus einem Computer, der per Netzwerkanschluss Daten aus der Robotersteuerung übernimmt und für einen spezifischen Zweck aufbereitet. Eine typische Funktion ist hier die Fernwartung des Roboters, bei der der Systemintegrator oder Mitarbeiter aus der Wartung und Instandhaltung sich per Intranet, Internet oder direkter Telefonleitung mit der Roboterzelle verbinden, um deren Zustand zu überprüfen, Parameter zu optimieren oder einfache Fehler zu beheben. Fernwartungsfunktionen können auch dazu dienen, Software-Updates z. B. für die Bildverarbeitung einzuspielen. Derart isolierte Monitoringfunktionen sind typisch für einfache Roboterzelle. Die Roboterzelle ist innerhalb der Produktion nicht vernetzt und in diesem Szenario stellt die Robotersteuerung die zentrale Komponente der Koordination dar, auf der alle Informationen zusammenlaufen.

4.4.4 Zellsteuerung

Wenn Robotersysteme zu automatisierten Fertigungslinien zusammengestellt werden, als Teil einer größeren Maschine verwendet werden oder wenn mehrere Roboter in einer Zelle arbeiten, dann werden Zellsteuerung bzw. übergeordnete Steuerung verwendet (Abb. 4.8).

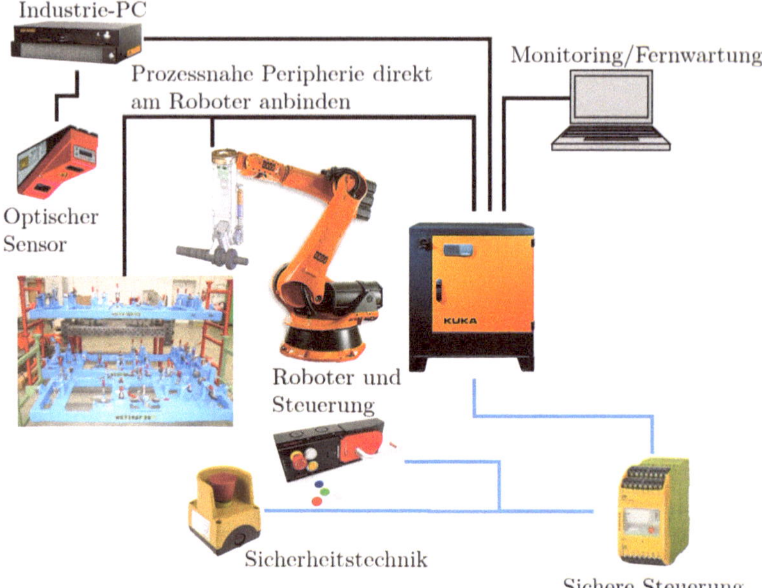

Abb. 4.7 Anschluss einer Monitoring- und Fernwartungslösung an die Robotersteuerung

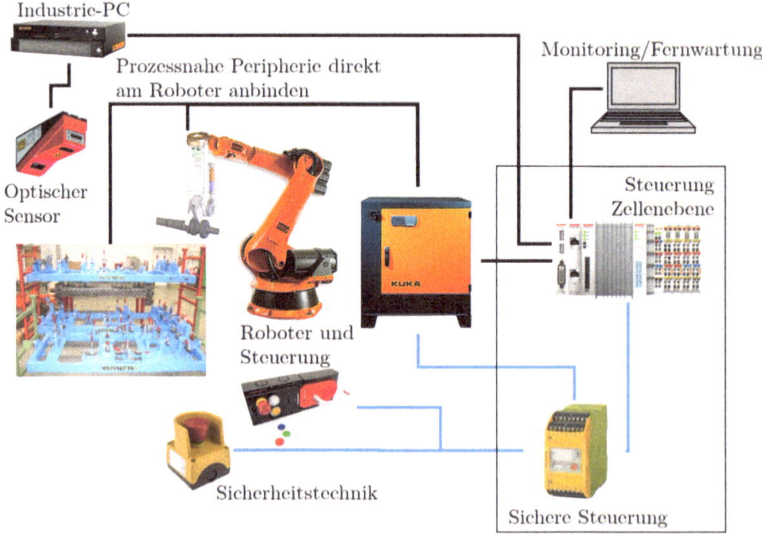

Abb. 4.8 Erweiterung des Robotersystems um eine Zellsteuerung

Die Zellsteuerung wird in der Regel von einer speicherprogrammierbaren Steuerung (SPS) übernommen und koordiniert die Abläufe. Dies wird immer dann notwendig, wenn die Gesamtkontrolle aus Sicht des Roboterprogramms nicht mehr gewährleistet werden kann, da die Logik des einzelnen Roboters für den Ablauf in der Fertigungszelle nicht mehr maßgeblich ist oder eine Implementierung mit den limitierten Mitteln der Robotersteuerung nicht möglich ist. In der Lebensmittelindustrie werden beispielsweise zur Steigerung des Durchsatzes mehrere Roboter für die gleiche Handhabungsaufgabe eingesetzt. Hier können die einzelnen Roboter mit ihren Sensoren nicht mehr das Geschehen überblicken und werden stattdessen von der Zellsteuerung koordiniert. Die Zellsteuerung übernimmt in der Regel dann auch andere Aufgaben wie das Einlesen und die Vorverarbeitung von Sensoren sowie die Anbindung an ein Monitoring-System. Wenn mehr als ein Roboter in der Zelle aktiv ist, müssen auch Sicherheitsfreigaben unter den Robotern abgestimmt werden. Dies wird in der Regel von einer dedizierten sicheren Steuerung übernommen. Heutige SPS können dabei mit der Möglichkeit zur Realisierung von Sicherheitsfunktionen geliefert werden.

4.4.5 Fördertechnik

In Roboterlinien kann die Steuerung von größeren externen Systemen wie Förder- und Lagertechnik zu den Aufgaben einer Zellsteuerung hinzukommen (Abb. 4.9). Diese werden dann direkt an die SPS der Zellsteuerung angeschlossen. Solche Erweiterungen umfassen spezifische auftragsbezogene Funktionen, die in der SPS gespeichert und

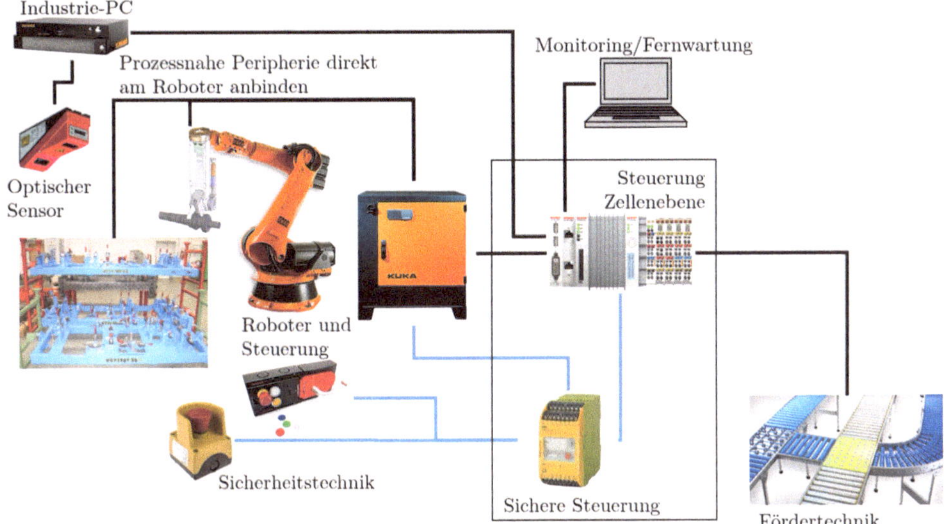

Abb. 4.9 Robotersystem als Fertigungslinie mit einem verbundenen Logistiksystem

abgearbeitet werden. Solche Konfigurationen finden sich in stärker automatisierten bzw. digitalisierten Betriebsabläufen, bei denen auch Fertigungsaufträge digital vorhanden sind und das Robotersystem nur eines unter mehreren autonom laufenden Systemen ist. Die Verbindung zu den Nachbarsystemen erfolgt über einen Feldbus oder durch ein Netzwerk. Die notwendigen Schnittstellen sind in der Regel nicht standardisiert, so dass eine kundenspezifische Lösung mit den jeweiligen Anlagenbauern gefunden werden muss. Die Kosten für solche Lösungen können sehr unterschiedlich ausfallen und manche Automatisierungsprojekte, bei denen die Roboterlösung als solche wirtschaftlich wäre, scheitern an den Kosten der Integration mit externen Systemen.

4.4.6 Leitsystem

Die letzte Ausbaustufe in diesem Beispiel ist die Integration in ganze Linien- und Leitsteuerungen (Abb. 4.10). Hierbei erfolgt je nach Aufbau des Fabrikbetriebs eine Ankoppelung an das Supervisory Control and Data Acquisition (SCADA) System oder Manufacturing Execution System (MES) der Firma. Bei vollumfänglich digitalisierten Firmen wird das ganze Unternehmen von einem Enterprise Resource Planning (ERP) System überwacht und gesteuert. Aus technischer Sicht verfügt die Roboterzelle über alle notwendigen Voraussetzungen für dieses Niveau der Vernetzung. Bei der praktischen Umsetzung besteht die Herausforderung in der Regel darin, die zahlreichen beteiligten Lieferanten zu wirtschaftlichen Kosten zusammenarbeiten zu lassen. Vor allem eine nachträgliche Integration in ein

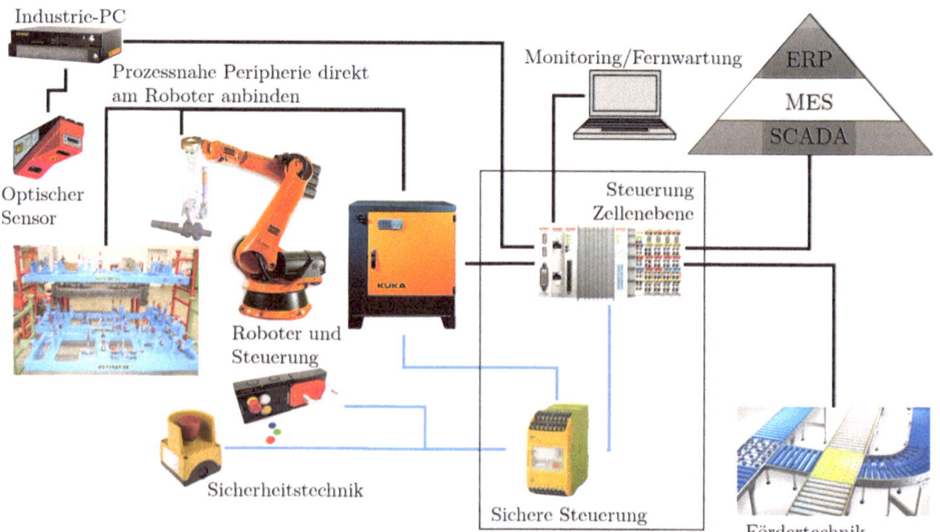

Abb. 4.10 Robotersystem als Teil des digital gesteuerten Fabrikbetriebs mit Leitsystem

Leitsystem ist meist nur mit erheblichen Aufwänden möglich. Derartige Lösungen findet man überwiegend in der Automobilindustrie und in der (Micro-)Elektronikfertigung. In diesen Branchen werden firmenspezifische Lösungen seit längerer Zeit vorangetrieben und damit dieses hohe Maß der Vernetzung erreicht. In derart vernetzten Systemen können die Prozessdaten aller Roboterzellen von der Leitstelle ausgelesen und bearbeitet werden. Die Steuerungs- und Regelungsfunktionen werden dagegen auf der Zell- bzw. Maschinenebene umgesetzt.

Literatur

1. Pritschow G (2006) Einführung in die Steuerungstechnik. Hanser, München
2. Kröger T (2010) On-line trajectory generation in robotic systems. STAR. Springer, Heidelberg
3. Lange J, Iwanitz F, Burke TJ (2010) OPC – from data access to unified architecture. VDE

Programmierung und Zellsimulation 5

Zusammenfassung
Die freie Programmierbarkeit von Bewegungen ist definitionsgemäß eine bestimmende Eigenschaft von Robotern. Durch die Programmierbarkeit können Bewegungen und damit ausgeführte Aufgaben von Robotern allein durch Änderungen in der Software des Roboters angepasst werden. Dies macht Roboter zu extrem flexiblen, vielfältig einsetzbaren Betriebsmitteln für die Produktion. Die erfolgreiche Ausführung von Produktionsaufgaben erfordert dabei die genaue und wiederholbare Ausführung von zum Teil komplexen Bewegungen. Dem Roboter müssen diese Bewegungen durch den Menschen beigebracht werden. Im folgenden Kapitel wird beschrieben, wie dies mittels Online- oder Offlineprogrammierung geschieht. Neben der Befähigung des Roboters zur Ausführung seiner Aufgaben ist die Programmierung oft auch zur frühzeitigen Überprüfung von Planungsdaten notwendig. So werden Roboterzellen heute häufig virtuell in Betrieb genommen und programmiert, bevor Hardware aufgebaut wird. Dies erlaubt es, Taktzeiten und Ausbringung der Roboteranlage abzuschätzen sowie die Planung der Roboteranlage zu überprüfen.

5.1 Grundlagen der Roboterprogrammierung

Die durch einen Roboter auszuführenden Bewegungen werden in seinem Bewegungsprogramm beschrieben. Hierbei handelt es sich um eine Liste von Bewegungsbefehlen und Logikanweisungen, die durch die Robotersteuerung abgearbeitet werden (Abschn. 4.3). Die eingesetzten Programmiersprachen sind dabei im Gegensatz zu Werkzeugmaschinen herstellerabhängig und nicht standardisiert. Der Befehlssatz der Programmiersprachen verschiedener Roboterhersteller ist jedoch weitgehend vergleichbar. Die Bewegungsbefehle instruieren den Roboter, mit bestimmten Geschwindigkeiten im Programm definierte Punkte anzufahren. Daneben enthält das Programm Befehle zur Interaktion mit der

A. Pott und T. Dietz, *Industrielle Robotersysteme*,
https://doi.org/10.1007/978-3-658-25345-5_5

Peripherie, wie z. B. das Setzen von Ausgängen oder das Warten auf Eingänge. Roboterprogrammiersprachen erlauben zudem meist die Definition einfacher Kontrollstrukturen, wie z. B. Programmverzweigungen oder Schleifen.

Listing 5.1 zeigt ein Beispiel eines kurzen Roboterprogramms in der Programmiersprache KRL der Firma KUKA. In Zeile 1 werden das Programm und sein Name definiert. Zeile 3 führt grundlegende Initialisierungen durch. In Zeile 5 folgt die Fahrt in die Homeposition des Roboters. Beim Starten eines Programms führen Roboter in der Regel eine sogenannte *Satzkompensationsfahrt* (SAK-Fahrt) zu einem definierten Startpunkt für das Programm durch. Die SAK-Fahrt ist durch den Bediener zu überwachen und freizugeben. Dies ist notwendig, da Bewegungen im Roboterprogramm immer relativ zur aktuellen Position des Roboters erfolgen. Die SAK-Fahrt dient damit der Herstellung eines definierten Anfangszustands für die Abarbeitung des Programms. Sie muss in der Bewegungsart PTP (siehe Abschn. 4.3) erfolgen. In Zeile 7 und 8 werden digitale Ausgänge des Roboters ausgeschaltet. Danach erfolgen Bewegungen zu verschiedenen Positionen. In KRL kann Punkten ein Name zugewiesen werden. Die Punkte können dann unter Nutzung des Namens mehrfach im Programm angefahren werden. Dies ist beispielsweise in Zeile 11 und 16 bei der zweifachen Nutzung des Punkts „PAnfahrt" der Fall. Bei Bewegungen werden zusätzliche Informationen, insbesondere die Geschwindigkeit, das zu nutzende Werkzeug und das zu nutzende Basiskoordinatensystem definiert.

```
1  DEF Beispielprogramm()
2
3  INI
4
5  PTP HOME Vel= 100% DEFAULT
6
7  $OUT[15]=FALSE
8  $OUT[16]=FALSE
9
10 PTP PMaschine Vel= 100% PDAT4 Tool[0] Base[0]
11 PTP PAnfahrt Vel= 80% PDAT6 Tool[0] Base[1]
12 LIN PGreif Vel= 0.1M/s CPDAT5 Tool[0] Base[1]
13
14 $OUT[16]=TRUE
15
16 LIN PAnfahrt Vel= 0.1M/s CPDAT5 Tool[0] Base[1]
17
18 PTP PAblage Vel= 100% PDAT6 Tool[0] Base[2]
19
20 LIN PLoslassen Vel= 0.1M/s CPDAT5 Tool[0] Base[1]
21
22 $OUT[16]=FALSE
23
```

```
LIN PAblage Vel= 0.1M/s CPDAT5 Tool[0] Base[1]

PTP HOME Vel= 100% DEFAULT
```

Listing 5.1 Beispiel eines einfachen Roboterprogramms in der Programmiersprache KRL der Firma KUKA

Zur Erstellung von Roboterprogrammen gibt es zwei grundlegende Möglichkeiten (Abb. 5.1). Die sogenannte *Onlineprogrammierung* nutzt die Steuerung des Roboters, um in direkter Interaktion mit dem Roboter in der realen Roboterzelle die Bewegungen des Roboters festzulegen. Bei der *Offlineprogrammierung* erfolgt die Programmerstellung am Computer unter Nutzung eines virtuellen Abbilds der Roboterzelle. Die in der Offlineprogrammierung erstellten Roboterprogramme werden dann auf den realen Roboter übertragen und an die realen Gegebenheiten angepasst. Dieser Vorgang wird auch *Nachteachen* genannt. Das Vorgehen bei der Programmierung sowie die spezifischen Vor- und Nachteile werden nachfolgend näher erläutert.

Unabhängig von der eingesetzten Art der Programmierung ist die Qualität der erstellten Roboterprogramme dabei stark von der Übung und Erfahrung des Roboterprogrammierers abhängig. Die Bewegungsprogrammierung von Robotern ist zudem ein relativ zeitaufwendiger Vorgang. In der Praxis hat sich ein Schätzwert von ungefähr einer Minute pro Programmpunkt bewährt. Dieser Schätzwert gilt dabei sowohl für die Onlineprogrammierung als auch für die Offlineprogrammierung. Dabei umfasst dieser Schätzwert bei der Offlineprogrammierung sowohl die Erstellung des Programms am Computer als auch das spätere Nachteachen am realen Roboter.

5.1.1 Onlineprogrammierung

Die Onlineprogrammierung findet direkt am Roboter in der realen Roboterzelle statt. Der Roboter wird dabei über das Programmierhandgerät verfahren und hierdurch der

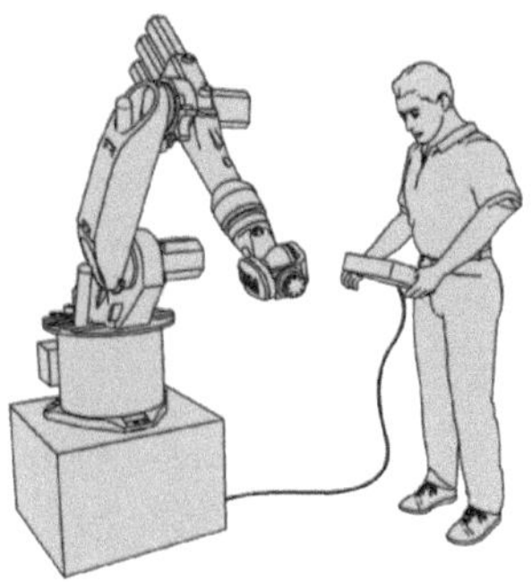

Abb. 5.1 Methoden zur Roboterprogrammierung: Onlineprogrammierung (links) und Offlineprogrammierung (rechts)

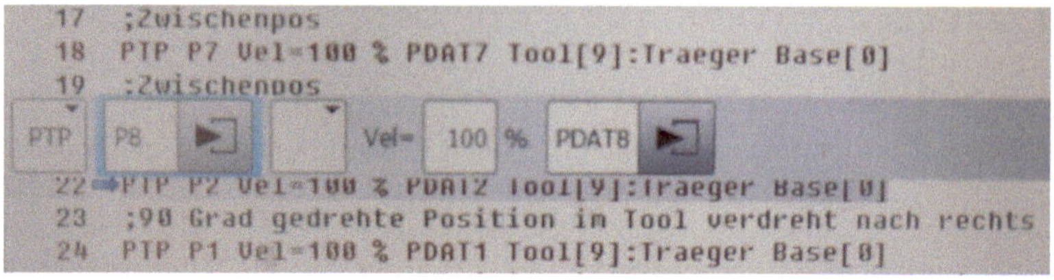

```
;Zwischenpos
PTP P7 Vel=100 % PDAT7 Tool[9]:Traeger Base[0]
;Zwischenpos
PTP   P8   Vel= 100 %   PDAT8
PTP P2 Vel=100 % PDAT2 Tool[9]:Traeger Base[0]
;90 Grad gedrehte Position im Tool verdreht nach rechts
PTP P1 Vel=100 % PDAT1 Tool[9]:Traeger Base[0]
```

Abb. 5.2 Beispiel eines Inlineformulars einer KUKA KRC4-Steuerung zur Definition eines Bewegungsbefehls

Endeffektor zum gewünschten Zielpunkt geführt und in die gewünschte Orientierung gebracht. Die Position wird über einen entsprechenden Tastaturbefehl, den sogenannten *Touchup,* aufgenommen und weitere Parameter, wie z. B. die Bewegungsart und Bewegungsgeschwindigkeit, eingegeben. Bei den meisten Robotersteuerungen erleichtern Inlineformulare (Abb. 5.2) die Eingabe der erforderlichen Informationen. Die Inlineformulare fragen die zur Definition der Bewegung erforderlichen Informationen gezielt vom Programmierer ab, um die Programmerstellung zu erleichtern. Zusätzliche Befehle wie z. B. Schalt- oder Wartebefehle werden direkt über das Programmierhandgerät eingegeben.

Abb. 5.3 zeigt einige typische am Markt verfügbare Programmierhandgeräte, über welche die Onlineprogrammierung von Robotern erfolgt. Das Programmierhandgerät stellt dabei die Bedienschnittstelle des Roboters dar. Es kann beim Programmieren in der Roboterzelle mitgeführt werden, um nahe am programmierten Prozess zu arbeiten. Die Programmierhandgeräte verfügen dabei über vergleichbare Merkmale. Ein Bildschirm erlaubt die Anzeige des Roboterzustands und des Programmcodes. Zunehmend sind berührungsempfindliche

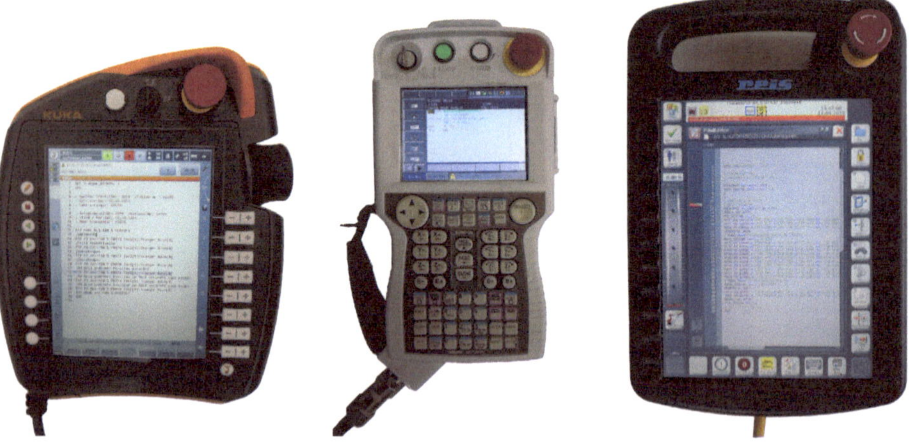

Abb. 5.3 Typische Programmierhandgeräte von KUKA (links), Motoman (Mitte) und Reis (rechts)

Bildschirme zur Eingabe gebräuchlich. Der Roboter kann in der Regel über Tasten neben dem Bildschirm verfahren werden. Oft bieten Programmierhandgeräte neben einer Tastenbedienung einen Joystick oder eine 6D-Maus zum Verfahren des Roboters an. Eine Bewegung ist dabei in den in der Steuerung hinterlegten Koordinatensystemen und achsweise möglich. Aus Sicherheitsgründen verfügt das Programmierhandgerät über einen Zustimmtaster und einen Not-Aus-Taster.

Ein Beispiel der Programmierung eines Roboters für das Metall-Aktivgasschweißen (MAG-Schweißen) soll dabei helfen, die typischen Aufwände für die Onlineprogrammierung zu verdeutlichen. Bei einem typischen Werkstück in der Lohnfertigung mit 450 zu definierenden Programmpunkten entsteht gemäß der oben genannten Abschätzung von einer Minute pro Programmpunkt ein Zeitaufwand von ungefähr 450 min. Dieser Zeitaufwand entspricht dabei in etwa dem Aufwand einer kompletten Arbeitsschicht. Hierbei muss beachtet werden, dass die Roboteranlage in dieser Zeit durch den Programmierprozess belegt ist und nicht produktiv genutzt werden kann.

Die Programmierer müssen durch Schulung und Einarbeitung befähigt sein. In der Regel müssen im Betrieb mindestens zwei Personen qualifiziert sein, um im Fall von Krankheit oder Urlaub noch handlungsfähig zu sein und die Anwesenheit eines Programmierers zu gewährleisten. Da Roboterprogrammierung viel Erfahrung benötigt, ist neben der Programmierschulung von ein bis zwei Wochen mit einer Einarbeitungszeit von mindestens vier bis acht Wochen zu rechnen. Die zur Onlineprogrammierung notwendigen Hilfsmittel, insbesondere das Programmierhandgerät, werden standardmäßig mit dem Roboter ausgeliefert, sodass keine zusätzlichen Kosten für Soft- oder Hardware anfallen.

Aufgrund des relativ hohen Zeitaufwands und der benötigten Personalqualifikation ist die Programmierhäufigkeit damit ein kritischer Punkt für den wirtschaftlichen Betrieb von Robotern. Bei sehr großen Fertigunglosen fällt die Programmierung praktisch nicht ins Gewicht. Bei sehr kleinen Losen können die Programmierkosten höher als die Maschinenkosten liegen.

Eine weitere und relativ neue Möglichkeit, den Roboter online zu programmieren, ist das *Programmieren durch Vormachen* (Abb. 5.4). Dabei wird der Roboter mittels eines Kraftmomentensensors vom Programmierer durch die Aufgabe geführt. Die Vorgabe von Bewegungen erfolgt dabei durch das Aufbringen von Kräften auf den Roboter. Diese Art der Bewegungsvorgabe erfordert kein Verständnis der Koordinatensysteme des Roboters und ist damit leicht intuitiv verständlich. Messungen haben ergeben, dass der zeitliche Arbeitsaufwand mit dieser Methode im Vergleich zur Programmierung mit dem Handbediengerät gerade für unerfahrene Programmierer deutlich reduziert werden kann. Hierdurch können die Aufwände für Schulung und Einarbeitung von Programmierern reduziert werden. Auch das Programmieren durch Vormachen reduziert allenfalls den Nachteil, dass während der Onlineprogrammierung die Anlage blockiert ist. Bei häufiger Neuprogrammierung und der Verfügbarkeit von CAD-Daten empfiehlt sich daher die Nutzung der im Folgenden beschriebenen Offlineprogrammierung.

Abb. 5.4 Programmieren durch Vormachen durch das direkte Handführen des Roboters

5.1.2 Offlineprogrammierung

Die Offlineprogrammierung erfolgt mittels einer Software auf einem PC. Bei der Offlineprogrammierung wird der Roboter zunächst in einem virtuellen Modell der Roboterzelle programmiert. Nachfolgend werden hieraus Bewegungsprogramme für den Roboter abgeleitet und auf die reale Robotersteuerung übertragen. Am realen Roboter müssen die Punkte des Bewegungsprogramms korrigiert werden, um die erforderliche Bewegungsgenauigkeit zu erreichen. Dieses Nachteachen ist notwendig, da virtuelles Modell und reale Roboterzelle nicht vollständig übereinstimmen. Ein Hauptvorteil der Offlineprogrammierung ist, dass das Nachteachen am Roboter weniger Zeit in Anspruch nimmt als die vollständige Onlineprogrammierung und damit der durch die Programmierung verursachte Produktionsausfall des Roboters geringer ist.

Abb. 5.5 gibt eine Übersicht über die notwendigen Schritte zur Offlineprogrammierung. Zunächst muss ein digitales Abbild der Roboterzelle zur Programmierung erstellt werden (Schritt 1). Hierfür ist ein digitales Modell des Roboters erforderlich. Gängige Offlineprogrammiersoftware bietet Bibliotheken mit Robotertypen an. Dabei sollte vor der Anschaffung eines Tools geprüft werden, ob alle infrage kommenden Roboterhersteller und Modelle unterstützt werden und ob die Bibliothek regelmäßig durch den Softwarehersteller aktualisiert wird. Darüber hinaus müssen 3D-CAD-Daten der Werkstücke und zusätzlicher Peripheriekomponenten, wie z. B. Vorrichtungen, vorliegen. Dies ist häufig, insbesondere im Bereich der Lohnfertigung, ein Ausschlusskriterium für die Offlineprogrammierung.

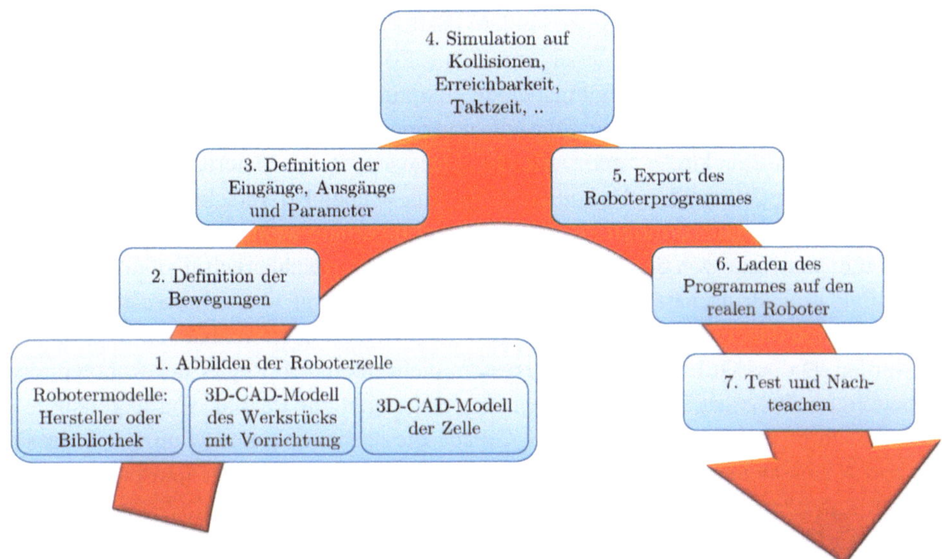

Abb. 5.5 Vorgehen bei der Offlineprogrammierung von Robotern

Mittels dieser Daten kann nun das digitale Modell der Roboterzelle erstellt werden. Hierbei werden die Elemente der Roboterzelle, wie z. B. Roboter, Vorrichtungen, Fördertechnik, Schutzzäune und Steuerschränke, im Layout platziert und zueinander ausgerichtet.

Als zweiter Schritt erfolgt die Bewegungsprogrammierung. Diese wird zunächst im virtuellen Modell der Roboterzelle durchgeführt. Das Vorgehen zur Programmierung ist dabei ähnlich zur Onlineprogrammierung. Der virtuelle Roboter wird am Computer im virtuellen Modell verfahren und es werden Programmpunkte erstellt. Neben dieser Methode der Programmierung bieten Offlineprogrammiersysteme auch die Möglichkeit, Bewegungspunkte des Roboters an Geometrieelementen der in der Roboterzelle importierten 3D-CAD-Geometrien auszurichten. So können beispielsweise Bewegungspunkte mittig in Löchern des Werkstücks platziert oder Bahnpunkte entlang von Kanten des Bauteils definiert werden. Dies beschleunigt die Programmierung von Roboteranlagen erheblich.

Nach der Bewegungsprogrammierung können in Schritt 3 auch in der Offlineprogrammierung die Reaktionen auf Eingänge bzw. das Setzen von Ausgängen programmiert und die einzelnen Programmbewegungen parametriert werden. Nach diesem Schritt verfügt das Offlineprogrammiersystem über alle notwendigen Informationen zur Erstellung eines Roboterprogramms.

In Schritt 4 kann das Robotersystem nun in der virtuellen Umgebung simuliert werden. Dies erlaubt es, Planungsdaten, wie z. B. eine Abschätzung der erreichbaren Taktzeiten, zu erhalten. Dabei kann die Planung des Robotersystems optimiert werden, bevor die Hardware aufgebaut wird und danach Änderungen nur noch mit hohem zeitlichen und monetären

Aufwand möglich sind. So kann insbesondere das Layout der Roboterzelle angepasst werden, z. B. um Kollisionen des Roboters mit sich selbst oder der Umgebung zu vermeiden, um die Erreichbarkeit aller Bewegungspunkte zu optimieren oder um das Durchfahren von Singularitäten bei der Programmausführung zu vermeiden. Bei der Offlineprogrammierung können Bewegungspunkte an importierte Objekte, wie z. B. die Materialübergabe oder das Werkstück, gekoppelt werden. Hierdurch bleiben diese auch bei Verschiebung des Layouts korrekt positioniert. Dies ermöglicht es, das Layout innerhalb weniger Sekunden umzustellen und die Auswirkungen der Änderungen hinsichtlich Erreichbarkeit und Taktzeit direkt in der Simulation abzuschätzen. Die Ergebnisse der Simulation, insbesondere im Bezug auf Taktzeit, sollten dabei jedoch eher als Richtwert denn als exakt erreichbare Größen verstanden werden. Da das Offlineprogrammiersystem nicht die realen Regler des Roboters oder der beteiligten Prozesse abbildet, können Abweichungen zur Realität von ungefähr zehn Prozent nach oben oder unten auftreten. Gerade die schnelle Optimierung von Programmen und Anlagenteilen des Robotersystems führt zu erheblichen Kosteneinsparungen und besseren Roboteranlagen.

Nach der Optimierung der Roboterzelle kann aus dem Offlineprogrammiersystem direkt ein Bewegungsprogramm für den Roboter erzeugt werden (Schritt 5). Das Offlineprogrammiersystem überführt dabei die interne Repräsentation der Programminformationen in die proprietäre Sprache des gewählten Roboterherstellers und speichert das Ergebnis in einer Datei ab. Diese Datei kann auf den realen Roboter übertragen werden (Schritt 6). Da das virtuelle Modell und die reale Roboterzelle nicht vollständig übereinstimmen, müssen die Bewegungspunkte am realen Roboter korrigiert werden (Nachteachen). Zudem wird der Programmablauf in der realen Roboterzelle getestet und falls erforderlich bezüglich der realen Gegebenheiten optimiert. Ein Nachteachen des Roboters kann darüber hinaus immer wieder auch im laufenden Betrieb notwendig sein. Dies wird durch Abweichungen der Bauteile und der Roboteranlage an sich erforderlich.

Der beschriebene Ablauf wird sowohl zur Planung von Roboteranlagen als auch zur Erstellung neuer Bewegungsprogramme bei geänderten Werkstücken angewendet. Im letzteren Fall wird in Schritt 1 lediglich die geänderte Werkstückgeometrie importiert, während das digitale Modell der Roboteranlage unverändert bleibt. Bei einer reinen Programmanpassung können in Schritt 3 in der Regel große Teile des bestehenden Bewegungsprogramms wiederverwendet werden. Im Fall einer reinen Neuprogrammierung erfolgt in Schritt 4 zudem keine Optimierung des Anlagenaufbaus, sondern nur eine Optimierung der Bewegungsprogrammierung. Zunehmend wird versucht, das in Schritt 6 erforderliche Nachteachen der Programme durch den Einsatz von Sensoren zu beseitigen (Abschn. 5.2).

Zur Nutzung der Offlineprogrammierung fallen zusätzliche Kosten für den Erwerb der notwendigen Softwarelizenzen an. Darüber hinaus sind zum Teil anwenderspezifische Anpassungen der Offlineprogrammiersoftware notwendig, wie z. B. die Erstellung unternehmensspezifischer Schnittstellen zur IT oder besondere Importfilter für 3D-Daten. Diese werden in der Regel durch Systemhäuser realisiert und verursachen zusätzliche Kosten. Zur Nutzung ist ein leistungsfähiger, für CAD-Arbeitsplätze typischer Computer notwendig.

Das Personal, das die Offlineprogrammierung durchführt, muss zur Nutzung der Software geschult werden. Um die Verfügbarkeit von Mitarbeitern sicherzustellen, sollte dies auch hier wie bei der Onlineprogrammierung für mindestens zwei Mitarbeiter im Unternehmen erfolgen. Diese Mitarbeiter sollten idealerweise bereits über Erfahrungen mit 3D-CAD-Konstruktion oder CAD/CAM-Programmerstellung verfügen. Sofern Kundendaten verarbeitet werden, ist auch mit einem zusätzlichem Aufwand für die Überführung der Kundendaten in das eigene System und für die Beseitigung von dabei entstehenden Fehlern zu rechnen. Für die Programmerstellung fallen dann Arbeitsaufwände für die Offlineprogrammierung und das Nachteachen der Programme am Roboter an. Der Richtwert von einer Minute pro Programmpunkt bietet auch hier eine gute erste Abschätzung. Der Vorteil der Offlineprogrammierung liegt darin, dass nur ein kleiner Teil dieser Zeit, nämlich das Nachteachen der Bewegungspunkte, am Roboter erfolgen muss. Hierdurch wird die Roboteranlage bei der Offlineprogrammierung im Vergleich zur Onlineprogrammierung deutlich weniger durch die Programmiertätigkeit belegt und kann während der Programmierung weiter produzieren.

5.1.3 Anhaltspunkte zur Auswahl des Programmierverfahrens

Die Antwort auf die Frage, ob Online- oder Offlineprogrammierung für ein bestimmtes Unternehmen und eine bestimmte Anwendung besser geeignet sind, hängt von zahlreichen Faktoren ab. Tab. 5.1 gibt hierzu einige Anhaltspunkte.

5.2 Sensoreinsatz zur Verringerung der Programmieraufwände

In den letzten Jahren werden Industrieroboter zunehmend mit Sensoren zur Beobachtung und Regelung der von ihnen ausgeführten Prozesse ausgestattet. Es ist davon auszugehen, dass der Einsatz von Sensoren in den kommenden Jahren weiter stark zunehmen wird. Sensoren haben dabei das Potenzial, die Programmierung von Robotern deutlich zu vereinfachen, da sie es dem Roboter ermöglichen, die für den Prozess erforderliche Genauigkeit eigenständig zu erreichen. Damit kann das Nachteachen von Programmen im Falle von Abweichungen oft entfallen und die Bewegungsprogrammierung deutlich schneller und gröber durchgeführt werden.

Beispielsweise sind Triangulationssensoren zur Nahtverfolgung beim Lichtbogenschweißen (Abb. 5.6) bereits heute in der Robotik gebräuchlich. Diese erlauben es, den Schweißbrenner auch bei Verzug oder sonstigen Abweichungen auf der Naht zu halten. Hierbei wird dem Schweißprozess vorauslaufend der Nahtgrund gemessen und Korrekturwerte an die Robotersteuerung übermittelt, falls die Lage der Naht von der programmierten Lage abweicht. Weitverbreitet sind zudem Distanzsensoren beziehungsweise Abstandsschalter, die z. B. das Entnehmen von Teilen aus einem Stapelspeicher ohne exakte Kenntnis des

Tab. 5.1 Anhaltspunkte zur Entscheidung zwischen Online- und Offlineprogrammierung

Kriterium	Onlineprogrammierung	Offlineprogrammierung
Ist eine Simulation oder Programmierung der Anlage vor deren physischem Aufbau notwendig, z. B. aus Zeitgründen oder zur Abklärung der Realisierbarkeit?	Erlaubt keine Programmierung oder Simulation vor Aufbau der Anlage	Die Nutzung von Offlineprogrammierung und entsprechenden Softwarewerkzeugen ist unumgänglich
Werden häufig neue Produkte oder neue Produktvarianten auf der Roboteranlage gefertigt?	Erfordert Neuprogrammierung in der Roboterzelle für jedes neue Produkt und jede neue Produktvariante mit relativ langem Produktionsstillstand in der Roboteranlage	Bietet klare Vorteile, da bereits erstellte Programme einfacher auf neue Produkte und neue Produktvarianten übertragen werden können und deutlich geringere Produktionsstillstände auftreten
Sind 3D-CAD-Daten der gefertigten Bauteile verfügbar?	Onlineprogrammierung ist möglich. 3D-CAD-Daten können hierbei jedoch nicht genutzt werden	Sofern keine 3D-CAD-Daten vorliegen, müssen Werkstücke nachkonstruiert werden. Dies ist in der Regel nicht wirtschaftlich möglich. Offlineprogrammierung setzt daher das Vorhandensein von 3D-CAD-Daten der Bauteile voraus
Stammen die verarbeiteten 3D-CAD-Daten aus verschiedenen Quellen und liegen in verschiedenen Formaten vor, z. B. da sie von verschiedenen Kunden oder aus verschiedenen CAD-Systemen stammen?	Hat keinen Einfluss, da die Daten bei der Onlineprogrammierung nicht genutzt werden können	Unterschiedliche CAD-Datenformate erschweren die Offlineprogrammierung, da in der Regel Datentransformationen notwendig sind. Diese führen häufig zu Transformationsfehlern, die manuell beseitigt werden müssen und damit zusätzlichen Aufwand hervorrufen

(Fortsetzung)

Tab. 5.1 (Fortsetzung)

Kriterium	Onlineprogrammierung	Offlineprogrammierung
Ist die Roboterzelle in der Produktion sehr stark ausgelastet?	Onlineprogrammierung blockiert die Roboteranlage, da die Anlage nicht parallel zur Programmierung für die Produktion weitergenutzt werden kann. Eine Vorbereitung der Roboteranlage auf neue Produkte parallel zum laufenden Produktionsbetrieb ist daher bei hoher Auslastung nicht möglich	Große Teile der Programmierarbeit können parallel während der produktiven Nutzung der Roboteranlage erfolgen. Dies stellt einen wesentlichen Vorteil der Offlineprogrammierung dar
Ist Personal zur Durchführung der Programmierung verfügbar?	Die Onlineprogrammierung erfordert in der Roboterbedienung und -programmierung geschultes Personal. Erforderlich ist dabei ein eher praktisch orientiertes Qualifikationsprofil	Für die Offlineprogrammierung sind sowohl Offlineprogrammierer als auch Roboterprogrammierer erforderlich
Ist es möglich, Testläufe mit den gefertigten Bauteilen und Prozessen durchzuführen, oder ist dies aus Zeit- oder Kostengründen unmöglich?	Die alleinige Nutzung der Onlineprogrammierung erfordert die Verfügbarkeit ausreichender Mengen von Testbauteilen	Durch Offlineprogrammierung und die Möglichkeit zur Simulation kann die Notwendigkeit von Testbauteilen reduziert, jedoch nicht vollständig beseitigt werden

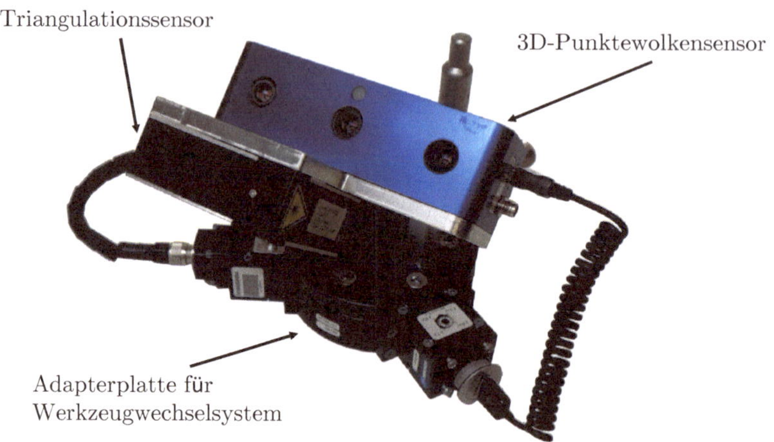

Abb. 5.6 Sensorkopf eines Roboters mit 3D-Punktewolkensensor und Triangulationssensor

Speicherfüllstandes erlauben. Stark auf dem Vormarsch sind optische 3D-Sensoren. Diese erzeugen eine dreidimensionale Punktewolke des Messbereichs mit mehreren tausend Messpunkten. Aus dieser Datenfülle können mit Algorithmen die Lage von Objekten oder auch Eigenschaften dieser Objekte errechnet werden. Auch Kraftmomentensensoren (KMS) werden immer häufiger in Roboteranlagen eingesetzt. Diese ermöglichen dem Roboter das „Fühlen“ bei der Aufgabenausführung mittels Kraftregelung. Der Einsatz von KMS ist vor allem bei der Montageautomatisierung stark im Kommen. Für Montageanwendungen werden zudem vermehrt Roboter eingesetzt, die bereits ab Werk mit KMS und damit mit der Fähigkeit zur sensitiven Montage ausgerüstet sind (Kap. 2 und 10).

Der Einsatz von Sensoren wird heute insbesondere durch die aufwendige Integration gebremst. So müssen neben der mechanischen und elektrischen Integration die Schnittstellen des Sensors in Betrieb genommen werden und Auswertealgorithmen entwickelt bzw. installiert, parametriert und getestet werden. Oft müssen Sensoren zudem kalibriert werden, um die erforderliche Genauigkeit zu erreichen. Auch die Integration der Sensorkorrektur in den Programmablauf des Roboters ist heute relativ aufwendig und erfordert besonderes Expertenwissen, das über das für die normale Roboterprogrammierung erforderliche Wissen hinausgeht. Der Sensor und seine Software stellen dabei zusätzliche Fehlerquellen in der Anlage dar und müssen auch in der Instandhaltung der Roboteranlage beherrscht werden. Die Verringerung der Aufwände für sensorgeführte Roboter in den Bereichen Integration, Programmierung und Instandhaltung ist ein aktives Gebiet der Forschung und Entwicklung. Es ist zu erwarten, dass in den nächsten Jahren neue Lösungen zur einfacheren und robusteren Nutzung von Sensoren in Roboteranlagen am Markt verfügbar sein werden. Dies wird es erlauben, die Vorteile von sensorgeführten Robotern zur Verringerung von Programmieraufwänden in der Praxis in deutlich mehr Anwendungen als heute zu nutzen.

Die Programmierung von Robotern ist wesentlich für die spätere Robustheit und erreichte Qualität der Roboteranlage in der Produktion. Sie findet zudem oft während der Inbetriebnahme und damit in einer besonders kritischen Phase im Lebenszyklus einer Roboteranlage statt. Gerade bei häufigen Produktwechseln ist die gewählte Art der Programmierung ein entscheidender Faktor für die wirtschaftliche Nutzung von Roboteranlagen. Bei der Programmierung wird zwischen der Programmdefinition direkt am Roboter (Onlineprogrammierung) und der Programmerstellung mittels eines virtuellen Modells der Roboteranlage (Offlineprogrammierung) unterschieden. Onlineprogrammierung bietet den Vorteil der Einfachheit und erfordert keine zusätzlichen Investitionen. Offlineprogrammierung ermöglicht die Nutzung von CAD-Modellen zur Programmierung und erlaubt es, den Produktionsbetrieb der Anlage während der Programmerstellung aufrecht zu erhalten. Offlineprogrammierung kann dabei bereits in frühen Produktphasen vor dem Aufbau der Roboteranlage erfolgen. Hier dient Offlineprogrammierung auch oft zum Erzeugen von Planungsdaten und zur Verfeinerung des Anlagenlayouts vor dem Aufbau der Roboteranlage in der Produktion.

Projektlebenszyklus von Roboteranlagen 6

Zusammenfassung
Die Realisierung von Roboteranlagen erfordert das Zusammenspiel verschiedener Akteure in einem technisch komplexen und vielschichtigen Projekt. Wichtig hierbei ist, dass eine klare Projektorganisation und gute Kommunikationswege existieren, um technische und organisatorische Probleme schnell lösen zu können und um sicherzustellen, dass alle Akteure über den gleichen Informationsstand verfügen. Dabei ist die schriftliche Dokumentation aller Festlegungen sehr wichtig. Durch die technische Komplexität von Roboteranlagen kommt es während der Entwicklung meist zu Änderungen an Konzept und technischer Ausgestaltung. Die Auswirkungen dieser Änderungen auf den Projektabschluss und die Abnahme der Anlage sollten dabei immer schriftlich fixiert werden, um Missverständnisse zu vermeiden. Im Projektlebenszyklus der Anlage geht die Verantwortung kontinuierlich vom Systemintegrator auf den Endnutzer über. Während der Projektanbahnung ist insbesondere darauf zu achten, klar und offen über erreichbare technische Leistungseigenschaften der Anlage zu sprechen. Dies erfordert neben dem Vertrieb des Systemintegrators und der Komponentenhersteller die Einbindung technischer Fachleute. Die Entwicklung und der Hauptanteil der Integration der Anlage findet durch den Systemintegrator auf dessen Betriebsgelände statt. Diese Phase endet mit der Vorabnahme (Factory Acceptance Test, FAT). Fehler sollten so weit wie möglich in dieser Phase beseitigt werden, bevor die Anlage zum Endnutzer ausgeliefert wird. Bei der Inbetriebnahme beim Endnutzer sind zahlreiche Tätigkeiten zur Integration der Roboteranlage mit bestehenden Maschinen und der Infrastruktur des Endnutzers notwendig und der Zugang zur Anlage ist erschwert. Daher sollten konzeptionelle Probleme auf jeden Fall noch beim Systemintegrator vor der Auslieferung behoben werden. Der Endnutzer muss seine Produktion entsprechend für die Installation der Anlage vorbereiten und die notwendige Infrastruktur zur Integration bereitstellen. Gerade in der Anfangsphase ist dabei mit Produktionsunterbrechungen zu rechnen. Im Betrieb ist der Endnutzer

A. Pott und T. Dietz, *Industrielle Robotersysteme*,
https://doi.org/10.1007/978-3-658-25345-5_6

für die wirtschaftliche Nutzung der Anlage verantwortlich. Er sollte den Anlageneinsatz kontinuierlich überprüfen, um die Einplanung der Anlage in der Produktion optimieren zu können. Zur Behebung von Störungen sind eine schnelle Reaktionsfähigkeit des Systemintegrators und eine entsprechende Schulung des Personals des Endnutzers wichtig.

6.1 Projektarten

Die Umsetzung von Roboteranlagen erfordert die Durchführung komplexer Planungs- und Entwicklungstätigkeiten mit zahlreichen Akteuren. Roboterzellen sind als Sondermaschinen zu sehen, auch wenn darin weitgehend standardisierte Roboter verbaut sind. Hierbei unterscheiden sich Roboteranlagen stark von anderen Maschinen wie z. B. Werkzeugmaschinen, bei denen der Kaufvorgang aus technischer Sicht lediglich aus der Auswahl des Lieferanten und der gewünschten Optionen besteht. Bei Roboteranlagen hingegen findet in frühen Projektphasen eine Konzeption und Entwicklung des Robotersystems und damit gewissermaßen der gekauften Maschine statt. Hierdurch sind die erreichbaren Leistungseigenschaften und Robustheit des resultierenden Robotersystems sehr stark von der Qualität der Zusammenarbeit der einzelnen Akteure während des gesamten Projekts abhängig. Der hierdurch entstehenden Komplexität muss durch ein geeignetes Projektmanagement Rechnung getragen werden. Im folgenden Kapitel wird in die Details des Lebenszyklus typischer Roboteranlagen eingeführt und die notwendigen Maßnahmen im Projektmanagement beschrieben. Die hier vorgeschlagenen Vorgehensweisen sind dabei als Ansatzpunkte für die Ausgestaltung des Projektmanagements in eigenen Projekten zu sehen. Die Ausführungen in diesem Kapitel beziehen sich dabei auf solitäre Roboteranlagen mit einem Realisierungsvolumen von bis zu ca. 500.000 € (Abb. 6.1). Größere Projekte, wie z. B. die Realisierung ganzer Fertigungslinien, benötigen im Vergleich zu den hier beschriebenen Ansätzen ein formaleres Projektmanagement, während bei kleineren Projekten oftmals ein einfacher Aktivitätenplan ausreicht.

6.2 Projektlebenszyklus von Roboteranlagen

Abb. 6.2 zeigt den typischen Projektlebenszyklus industrieller Roboteranlagen. In der Projektinitialisierung sind alle Tätigkeiten vor dem Zustandekommen eines formalen Vertrages über die Realisierung der Roboteranlage zwischen Systemintegrator und Endnutzer enthalten. Danach finden die Entwicklung und die Integration der Roboteranlage durch den Systemintegrator statt. Die hierbei erforderlichen Tätigkeiten werden dabei meist auf dem Betriebsgelände des Systemintegrators ausgeführt. Den Abschluss dieser Phase bildet der sogenannten Factory Acceptance Test (FAT), bei dem die Roboteranlage für den Transport zum Endnutzer freigegeben wird. Nach dem Aufbau beim Endnutzer erfolgt schließlich der Hochlauf der Produktion. In der nachfolgenden Betriebsphase des Robotersystems sind

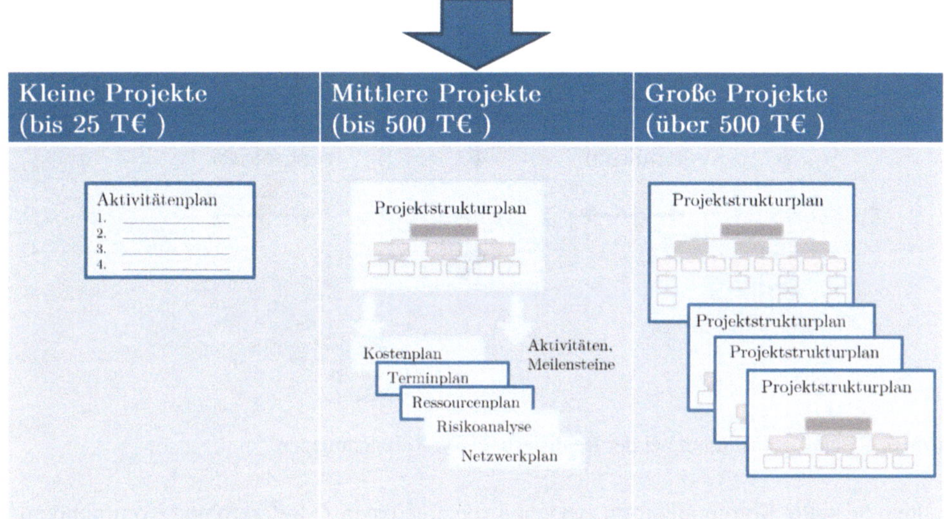

Abb. 6.1 Projektgrößen für die Realisierung von Roboteranlagen

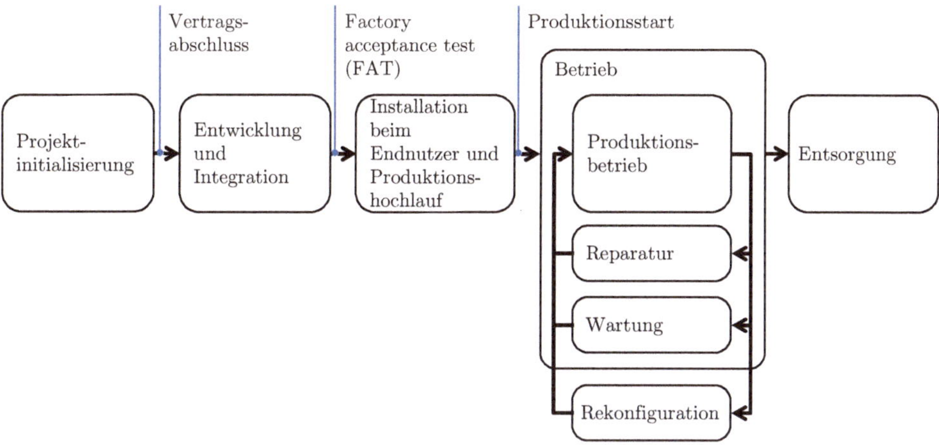

Abb. 6.2 Projektlebenszyklus von industriellen Roboteranlagen

neben der Produktion auch Wartung und Reparatur notwendig. Zunehmend müssen Roboteranlagen in ihrer Nutzungsphase zur Beherrschung neuer Produkte oder Produktvarianten rekonfiguriert werden. Abschließend wird die Anlage nach ihrem Nutzungsende entsorgt.

Zu beachten ist, dass bei der Realisierung von Roboteranlagen neben dem Endnutzer und dem Systemintegrator in der Regel weitere Akteure in das Projekt eingebunden sind. So greift der Systemintegrator meist auf Unterlieferanten für Komponenten oder Unterbaugruppen zurück (Abb. 6.3). Hierbei ist auf klare Kommunikationsflüsse innerhalb des Projekts zu

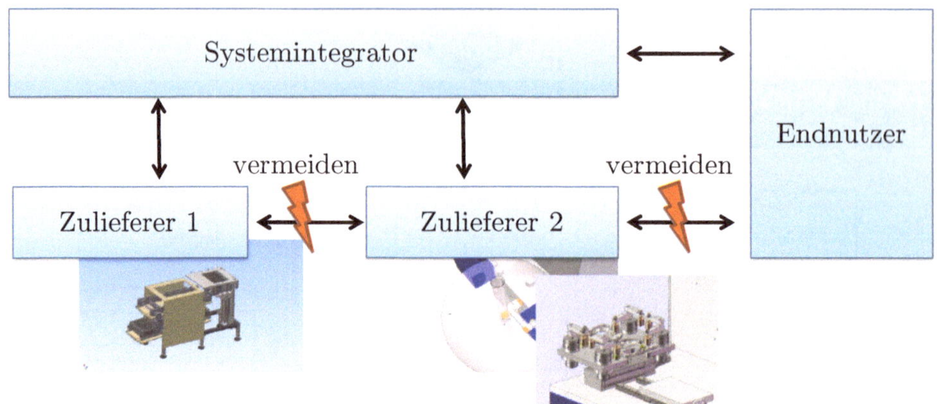

Abb. 6.3 Beteiligte Akteure bei der Realisierung von Roboteranlagen

achten. So sollte Kommunikation zwischen verschiedenen Zulieferern und Kommunikation mit dem Endnutzer stets über den als Generalunternehmer auftretenden Systemintegrator stattfinden.

6.3 Projektanbahnung und Projektinitialisierung

Typischerweise geht die Initiative für die Realisierung einer neuen Roboteranlage vom Endnutzer aus, der eine Rationalisierung oder andere Verbesserung in seiner Produktion anstrebt. Der Endnutzer wird seine Anforderungen in einem Lastenheft niederschreiben und auf dieser Basis einen oder mehrere Systemintegratoren nach einer Lösung anfragen. Auf Basis des Lastenhefts erstellt der Systemintegrator in der Regel ein Grobkonzept einer möglichen Lösung. Dieses Grobkonzept dient als Grundlage einer Projektkalkulation zur Stellung eines Angebots an den Endnutzer. Auf Basis dieses Angebots finden nun Vertragsverhandlungen und die Auswahl eines Systemintegrators seitens des Endnutzers statt. Zudem bewertet der Endnutzer die Wirtschaftlichkeit des Anlageneinsatzes im eigenen Unternehmen im Sinne einer Investitionsrechnung (siehe auch Kap. 8).

6.3.1 Vertragsgestaltung

Bei der Ausgestaltung des Projektvertrags ist es wichtig, auf eine klare Definition technischer Randbedingungen zu achten. Der Vertrieb des Systemintegrators bleibt aufgrund seines Fokus auf einen Vertragsabschluss zum Teil zu unscharf bei der Definition technischer Details. Teilweise wird die Klärung technischer Leistungseigenschaften vertagt, da in frühen Projektphasen in der Regel auch das zu fertigende Produkt noch nicht fertig entwickelt ist. Zur Vermeidung späterer Probleme im Projekt sollte in dieser frühen Projektphase jedoch sehr sorgfältig vorgegangen und die technischen Rahmenbedingungen so weit wie möglich definiert und festgeschrieben werden. Daher empfiehlt es sich, auf die Einbindung technischer Fachleute des Systemintegrators in den Verhandlungsprozess zu bestehen. Gegen Ende des Verhandlungsprozesses ist eine schriftliche Fixierung von Verhandlungsergebnissen in einem Verhandlungsprotokoll wichtig.

Gegenstand der Vertragsverhandlungen sind auch die Zahlungsbedingungen der Roboteranlage. Für den Endnutzer beginnt die Amortisation der Anlage erst mit der Nutzung in seiner Produktion. Daher ist er bestrebt, den größten Teil der Zahlung erst nach der Endabnahme der Anlage zu leisten. Der Systemintegrator muss die Entwicklung der Roboteranlage und die Beschaffung der Komponenten jedoch bis zur Zahlung durch den Endnutzer vorfinanzieren. In der Regel benötigt er aufgrund der hohen Investitionsaufwände Abschlagszahlungen. Gleichzeitig sollte die finale Zahlung nach Endabnahme so hoch gehalten werden, dass seitens des Systemintegrators eine starke Motivation zur Abnahme der Anlage durch den Endnutzer besteht.

6.3.2 Voruntersuchungen zur Erhöhung der Planungssicherheit

Zum Teil ist parallel zur Projektanbahnung die Überprüfung der technischen Machbarkeit des Projekts notwendig. Diese dient zumeist der Absicherung einzelner Teilfunktionen. Die Machbarkeit wird meist durch den Systemintegrator oder ein Forschungsinstitut im Auftrag des Endnutzers oder als Eigenleistung des Systemintegrators überprüft und nachgewiesen. Wichtig ist hierbei eine klare Kommunikation über den Abstraktionsgrad der Machbarkeitsuntersuchung im Vergleich zu einer fertigen, produktionstauglichen Lösung. Häufig wird der Systemintegrator vom Endnutzer verlangen, gewisse Vorleistungen in der Konzeption und Machbarkeitsuntersuchung zu vergüten. Dies dient für den Systemintegrator insbesondere auch zur Überprüfung der Ernsthaftigkeit der Realisierungspläne des Endnutzers (siehe Abschn. 7.3).

6.4 Entwicklung von Roboteranlagen

Nach dem Vertragsabschluss zwischen Endnutzer und Systemintegrator beginnt die Projektphase zur Umsetzung der Roboteranlage. Dabei führt der Systemintegrator zu Beginn Verhandlungen mit Lieferanten von Unterbaugruppen, die den Verhandlungen zwischen Endnutzer und Generalunternehmer ähneln.

6.4.1 Detailkonzeption

In dieser Phase erfolgt die Detailkonzeption der Roboteranlage. Hierbei werden Aufbau und Eigenschaften des späteren Robotersystems definiert. Die hier gewählten technischen

Lösungen sind entscheidend für die mit der Roboteranlage erreichbare Robustheit und ihre späteren Leistungseigenschaften. Für die Ausgestaltung von Roboteranlagen existiert in der Regel eine Vielzahl möglicher Lösungsvarianten. Dies betrifft sowohl das Grundkonzept der Anlage als auch die eingesetzten Wirkprinzipien der Prozesswerkzeuge und die ausgewählten Komponenten. Um in diesem Lösungsraum eine optimale Lösung zu finden, sollte ein zielgerichtetes Vorgehen gewählt werden. Die Richtlinie VDI 2221 bietet hierfür ein Rahmenwerk. Das Vorgehen bei der Konzeption von Roboteranlagen ist so entscheidend, dass diesem Aspekt ein eigenes Kapitel (Kap. 7) gewidmet ist. Auch die Planung der Maßnahmen zur Gewährleistung der Anlagensicherheit sollte in dieser Phase begonnen werden, um Sicherheitsaspekte von Anfang an im Anlagenkonzept vorzusehen (siehe auch Kap. 9).

6.4.2 Inbetriebnahmegerechte Konzeption

Aus Sicht der Projektsteuerung sollte bei der Konzeption bereits die spätere Inbetriebnahme des Robotersystems in Betracht gezogen werden. So sollten die Baugruppen des Robotersystems möglichst so gestaltet werden, dass diese separat in Betrieb genommen werden können. Dies erlaubt eine frühzeitige Fehlerlokalisierung und einfachere Fehlerbeseitigung, bevor die einzelnen Module in die Gesamtanlage integriert werden. Da nach der Integration in die Gesamtanlage parallele Arbeiten am Robotersystem nur eingeschränkt möglich sind, beschleunigt eine modulare und damit inbetriebnahmegerechte Gestaltung des Robotersystems auch dessen Umsetzung, da stärker parallel gearbeitet wird. Aus Sicht des Systemintegrators sollte eine Standardisierung mechanischer und steuerungstechnischer Schnittstellen in Betracht gezogen werden, um Module in späteren Projekten wiederverwenden zu können.

6.5 Integration, Inbetriebnahme und Vorabnahme

Nach Finalisierung und „Einfrieren“ des Konzepts kann nun die physische Umsetzung des Robotersystems starten. Dabei werden die Integrationstätigkeiten meist beim Systemintegrator ausgeführt und das Robotersystem danach zum Endnutzer transportiert und dort in die Produktion integriert.

6.5.1 Aufbau der Anlage beim Systemintegrator

Nach Abschluss der Planung der Roboteranlage erfolgt die Beschaffung der Komponenten, die Entwicklung der einzelnen Module des Robotersystems und abschließend die Integration und Inbetriebnahme der Gesamtanlage beim Systemintegrator. Inbetriebnahmetätigkeiten für Roboteranlagen sind dabei in der Regel nur schwer planbar, da die Inbetriebnahmephase sehr stark durch das reaktive Lösen von bei der Integration auftretenden Problemen geprägt ist. Bei der Projektplanung sollte daher eine relativ geringe Planungstiefe mit einem eintägigen oder gröberen Planungsraster angesetzt werden. Vielmehr sollten die prinzipiellen Abhängigkeiten der einzelnen Tätigkeiten in der Projektplanung sauber erfasst werden, um die Arbeiten bei Planabweichungen schnell umplanen zu können. So entstehen in der Inbetriebnahmephase immer wieder unproduktive Aufwände, da der Zugang zur Anlage für Arbeiten beschränkt ist und die parallele Ausführung von Arbeiten oftmals nicht möglich ist. Aufgrund dessen sollte auch in der Personalplanung mit ausreichenden Pufferzeiten gearbeitet werden.

Während der Inbetriebnahme sollten immer wieder Vorführungen des aktuellen Entwicklungs- und Integrationsstands zusammen mit dem späteren Endnutzer der Anlage durchgeführt werden. Dies hilft dabei, spätere Überraschungen zu vermeiden, da die Überdeckung der gewählten Lösungen mit den Anforderungen und Vorstellungen des Endnutzers regelmäßig abgeglichen wird. Die Vorführintervalle sollten dabei jedoch nicht wesentlich enger als monatlich gelegt werden, um die Umsetzung der Anlage nicht auszubremsen. Zudem ist eine effektive Kommunikation zwischen Systemintegrator und Endnutzer über den aktuellen Zustand der einzelnen Anlagenfunktionen notwendig. Hier hat sich z. B. die Nutzung von sogenannten *Visual Planning Boards* mit Ampelsystem (Abb. 6.4) bewährt, die den Umsetzungsstand einzelner Funktionen darstellt und dabei hilft, die Diskussion über

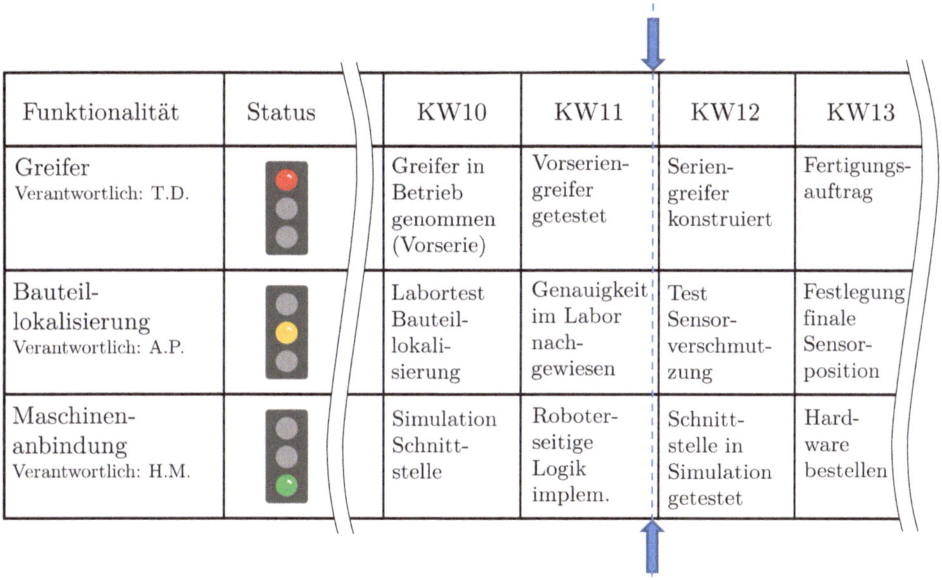

Funktionalität	Status	KW10	KW11	KW12	KW13
Greifer Verantwortlich: T.D.		Greifer in Betrieb genommen (Vorserie)	Vorserien-greifer getestet	Serien-greifer konstruiert	Fertigungs-auftrag
Bauteil-lokalisierung Verantwortlich: A.P.		Labortest Bauteil-lokali-sierung	Genauigkeit im Labor nach-gewiesen	Test Sensor-verschmut-zung	Festlegung finale Sensor-position
Maschinen-anbindung Verantwortlich: H.M.		Simulation Schnitt-stelle	Roboter-seitige Logik implem.	Schnitt-stelle in Simulation getestet	Hard-ware bestellen

Abb. 6.4 Beispiel eines Visual Planning Boards mit Ampelsystem zur Schaffung von Transparenz bezüglich des Projektstatus

den aktuellen Projektstatus zu führen. Das Visual Planning Board stellt dabei den geplanten Arbeitsfortschritt einzelner Teilfunktionen zeitlich dar.

Während der Integration der Anlage beim Systemintegrator werden alle Abhängigkeiten der einzelnen Komponenten sichtbar. So arbeiten hier zum ersten Mal die realen Hard- und Softwarekomponenten des späteren Robotersystems zusammen. Erst ab diesem Zeitpunkt kann verlässlich abgeschätzt werden, wo das Automatisierungsprojekt im Hinblick auf die im Lastenheft geforderten Ziele steht, da Taktzeit, Genauigkeit und Verfügbarkeit der Anlage zum ersten Mal in der Praxis mit realen Komponenten des Robotersystems getestet werden können. Gerade bei ambitionierten Automatisierungslösungen empfiehlt es sich, aufgrund des hohen Aufwands bis zur Integration der Gesamtanlage Einzelfunktionen durch Machbarkeitsuntersuchungen abzusichern.

6.5.2 Vorabnahme

Den Abschluss der Inbetriebnahmephase beim Systemintegrator stellt die sogenannte Vorabnahme oder Factory Acceptance Test (FAT) der Anlage dar. Bei der Vorabnahme vergewissert sich der spätere Endnutzer, dass die Anlage bereit für eine Integration in seine Produktion ist. Zur Vorabnahme sollten bereits sämtliche für die finale Abnahme der Anlage relevanten Akteure anwesend sein. Dies beinhaltet insbesondere die Projektleiter und -bearbeiter bei Systemintegrator und Endnutzer, die eingebundenen Fertigungsplaner, Anlagenbediener und Geschäftsführer bzw. den Einkäufer des Endnutzers. So kann sichergestellt werden, dass etwaige Probleme noch vor der Auslieferung der Anlage an den Endnutzer identifiziert und behoben werden können. Möglichst schon während der Vertragsverhandlungen, spätestens aber bei der Anbahnung der Vorabnahme, sollte der Abnahmegegenstand genau definiert und entsprechende Protokolle vorbereitet werden. So sollten unter anderem die Anzahl zu prüfender Teile, deren Prüfmerkmale, anzuwendende Prüfmethoden und Prüfpläne definiert werden. Auch das Vorgehen bei Störungen der Anlage während der Abnahme sollte klar geregelt werden. Sofern die Anlage in der Vorabnahme nicht alle Prüfmerkmale erfüllt, ist abzuwägen, ob eine Auslieferung der Anlage trotzdem stattfinden kann. Hierbei ist große Vorsicht geboten. Häufig ist die Produktionsanlage bereits für den Produktionsbetrieb eingeplant und es besteht daher sowohl aufseiten des Systemintegrators als auch aufseiten des Endnutzers eine hohe Motivation, die Anlage möglichst schnell auszuliefern. Die Möglichkeiten zur Problembehebung werden jedoch mit der Installation der Roboteranlage beim Endkunden stark eingeschränkt, da alle Maßnahmen nachfolgend in einem realen Produktionsumfeld stattfinden müssen. Die auf die Anlagenintegration zugeschnittene Infrastruktur auf dem Gelände des Systemintegrators steht dann nicht mehr zur Verfügung. Sofern die Anlage mit bereits bestehenden Maschinen verknüpft wird, haben deren Funktion und Arbeiten an der Anlage zudem Auswirkungen auf die laufende Produktion des Endnutzers. Darüber hinaus treten bei der Integration der Anlage in die Produktion des Endnutzers meist weitere Probleme auf, die dann parallel zu bestehenden Problemen der Anlage gelöst werden müssen. Daher ist in der Regel von der Auslieferung der Anlage vor Bestehen aller

Kriterien der Vorabnahme abzuraten. Die Möglichkeiten zur Fehlerbeseitigung und Optimierung auf dem Gelände des Systemintegrators sollten so lange wie möglich genutzt werden, auch wenn hierdurch transparent wird, dass Verzug zum geplanten Zeitplan besteht.

6.6 Installation beim Endnutzer und Endabnahme

6.6.1 Vorbereitung der Installation

Nach erfolgter Vorabnahme und vor der Auslieferung der Anlage muss der Endnutzer seine Produktion für die Installation der Anlage vorbereiten. Hierzu müssen die räumlichen Voraussetzungen zur Installation der Anlage in der Produktion geschaffen werden, indem Aufstellflächen und Transportwege freigeräumt werden. Ebenso muss der Boden über eine ausreichende Tragfähigkeit und Ebenheit verfügen. Darüber hinaus müssen die von der Anlage benötigten Medien, wie z. B. Druckluft und elektrische Anschlüsse, bereitgestellt werden. Hierbei wird insbesondere die Anbindung der Anlage an die Unternehmens-IT immer wichtiger. Zum einen sind Anlagen heute häufig in Firmenleitsysteme eingebunden, um Produktionskennwerte zu erfassen und die Produktion zu steuern, zum anderen ist insbesondere in der Inbetriebnahmephase und den ersten Wochen des Anlagenbetriebs ein externer Internetzugriff auf die Anlage nützlich, da viele Fehler auf diesem Weg schnell und mit geringem Aufwand per Fernzugriff beseitigt werden können. Die Bereitstellung einer IT-Anbindung sollte dabei so früh wie möglich mit den IT-Verantwortlichen des Endnutzers abgeklärt werden, da in der Regel unternehmensinterne Genehmigungsprozesse zu durchlaufen sind.

Vor der Anlieferung der Anlage ist eine sorgfältige Überprüfung des gesamten Transportwegs der Anlage vom Werkstor bis zum Aufstellort wichtig. Kritische Engstellen bilden hier insbesondere Hallentore und der Transport innerhalb bereits mit Maschinen ausgestatteter Fabrikhallen. Hierbei muss überprüft werden, ob die Anlage alle Engstellen passieren kann und gegebenenfalls gesondertes Transportequipment wie z. B. Schwerlastrollen oder Lasthebemittel zum Krantransport beschafft bzw. vorgehalten werden müssen.

6.6.2 Aufbau der Anlage beim Endnutzer

Beim Endnutzer wird die Anlage zum ersten Mal in ihrer finalen Form aufgebaut. Dies geschieht meist unter sehr hohem Zeitdruck, da die Roboteranlage für den Produktionsbetrieb eingeplant ist und zum Teil benachbarte Maschinen während der Integrationsphase nicht oder nur eingeschränkt nutzbar sind. Hinzu kommen erschwerte Arbeitsbedingungen, da die Arbeiten inmitten des laufenden Fertigungsbetriebs ohne die für die Integration ausgerichtete Infrastruktur des Systemintegrators erfolgen muss. Da die Randbedingungen beim Endnutzer niemals vollständig identisch zu den Randbedingungen beim Systemintegrator sind, kommt es in der Regel zu Problemen, die vor der Endabnahme zu lösen sind. Hierzu zählen insbesondere:

- *Geringfügige Layoutänderungen:* Das finale Layout beim Endnutzer entspricht durch Abweichungen in der Installation niemals vollständig dem Layout bei der Integration. Auch durch kleine Abweichungen kann es hier zum Auftreten von Singularitäten (Kap. 2) oder der Unerreichbarkeit von Bewegungspunkten durch den Roboter kommen. Oft können diese Probleme durch eine Anpassung des Bewegungsprogramms (Kap. 5) behoben werden. Zum Teil kann jedoch auch die mechanische Neuinstallation einzelner Komponenten erforderlich werden. Generell ist, sofern möglich, der Aufbau der Anlage auf einem Zellengrundrahmen (Abb. 6.5) empfehlenswert. Dieser erlaubt es, die relativen Positionen von Roboter und Peripherie auf dem Transportweg exakt aufrecht zu erhalten. Der Einsatz eines Zellrahmens reduziert dabei die Inbetriebnahmeaufwände und damit die erforderliche Zeit beim Endnutzer erheblich. Zudem erleichtert ein Zellrahmen einen möglichen späteren Umzug der Anlage stark.
- *Abweichungen der erreichbaren Leistungseigenschaften:* Durch ein leicht verändertes Layout oder die Interaktion mit anderen Maschinen in der Produktion kann es nach dem Aufbau beim Endkunden zu Abweichungen in den erreichbaren Leistungseigenschaften, wie z. B. Taktzeit und Verfügbarkeit, des Robotersystems kommen. Hierbei sind entsprechende Puffer im Projektplan für eine erneute Optimierung der Anlage zur Erreichung der geforderten Eigenschaften mit einzuplanen.

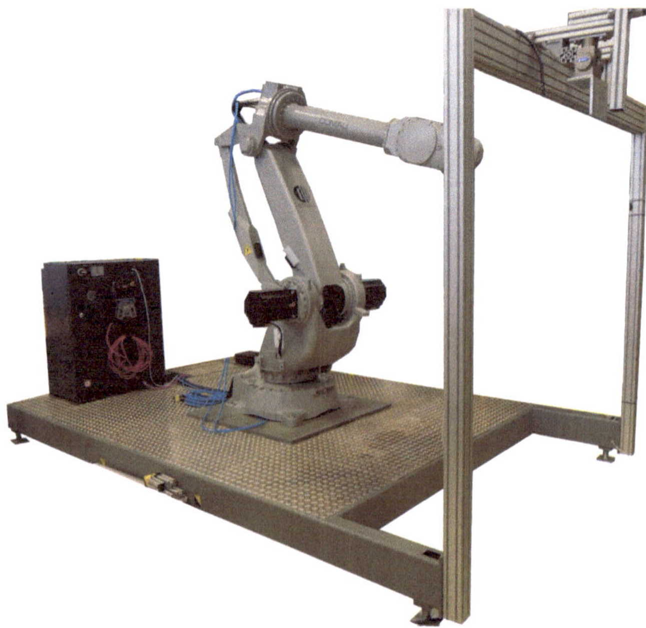

Abb. 6.5 Beispiel einer Roboteranlage mit Zellengrundrahmen

- *Kommunikationsprobleme an Schnittstellen:* Beim Endnutzer erfolgt in der Regel auch zum ersten Mal die Integration der Anlage mit benachbarten Maschinen, Mitteln zur Materialbereitstellung und dem Produktionsleitsystem des Endnutzers. Hierbei entstehen oftmals Kommunikationsprobleme und Probleme in der Feinabstimmung der Steuerungen. Hierbei empfiehlt es sich, frühzeitig den Kontakt zu Herstellern der angebundenen Maschinen und Softwaresysteme zu suchen. Zum Teil können Funktionen bereits beim Systemintegrator, z. B. durch Simulation der angebundenen Maschinen, getestet werden, um grundlegende Probleme nach dem Aufbau beim Endnutzer zu vermeiden.

6.6.3 Endabnahme der Roboteranlage

Nach der Integration der Anlage erfolgt die Endabnahme. Das Vorgehen hierbei ist ähnlich der bereits im Abschnitt zur Integration beschriebenen Vorgehensweise für die Vorabnahme (siehe Abschn. 6.5). Auch hier ist eine klare Definition von Abnahmekriterien, Abnahmegegenstand und dem Verfahren bei Fehlern während der Abnahme notwendig. Das vertragliche Rahmenwerk zwischen Systemintegrator und Endnutzer enthält hierzu in der Regel konkrete Festlegungen. Die Kriterien für die Endabnahme leiten sich von der Vorabnahme ab und sind um die Aspekte zu ergänzen, die sich nur beim Endnutzer überprüfen lassen. Dazu gehören Dauertests mit Realteilen und Schnittstellentests zu anderen Maschinen sowie mit dem Leitsystem. Häufig kommt es jedoch vor, dass im Laufe des Projekts technische Vereinbarungen zwischen Systemintegrator und Endnutzer aufgrund neuer Erkenntnisse geändert wurden. Dabei wird vergessen, die Abnahmekriterien der Anlage nachzuziehen und an die geänderten Vereinbarungen anzupassen. Dies kann zu Uneinigkeiten bezüglich der zu erreichenden Abnahmekriterien führen und sollte durch eine konsequente, schriftliche Dokumentation aller Änderungen technischer Vereinbarungen vermieden werden. Eine Endabnahme kann selbst dann stattfinden, wenn die Anlage noch geringfügige Mängel aufweist. In diesem Fall sollten die bestehenden Mängel schriftlich festgehalten und deren Beseitigung terminiert werden. Die bei der Abnahme erreichten Werte und notwendigen Nacharbeiten sollten auf jeden Fall in einem Abnahmeprotokoll (siehe Tab. 6.1) festgehalten werden.

Tab. 6.1 Beispiel eines Abnahmeprotokolls

Teiletyp	Erfolgsrate (vorhanden/entnommen)		Taktzeit (soll/ist) [s]	Abnahme
	Kiste 1	Kiste 2		
Teiletyp 1	102/102	105/105	13/12.9	ok
Teiletyp 2	87/87	91/90	15/15.1	?
	Unterschrift Auftraggeber Unterschrift Auftragnehmer			

6.6.4 Begleitende Tätigkeiten

Begleitend zur Inbetriebnahme beim Endnutzer und der Abnahme findet in der Regel die Schulung des Bedien- und Wartungspersonals des Endnutzers statt. Hierbei ist darauf zu achten, dass der Schulungsbetrieb an der Anlage die Integrationsarbeiten nicht verzögert. Gleiches gilt für Vorführungen der Anlage gegenüber dem Management des Endnutzers.

Nach Abschluss der Endabnahme werden seitens des Systemintegrators die zum kontinuierlichen Betrieb der Anlage notwendigen Dokumente erstellt und übergeben. Hierzu gehört insbesondere die Betriebsanleitung und Handbücher, Schulungsunterlagen und die CE-Konformitätserklärung. Die Übergabe weiterer Auslegungsunterlagen, wie z. B. Einzelteilzeichnungen, Schaltpläne und Steuerungsprogramme, ist gesondert zu vereinbaren. Aus Sicht des Endkunden ist empfehlenswert, sich diese Unterlagen, gegebenenfalls gegen Mehrkosten, ausliefern zu lassen. Nur mit vorliegenden Auslegungsunterlagen sind spätere Änderungen an der Anlage ohne Reverse-Engineering und ohne Einbindung des Systemintegrators möglich.

6.7 Betrieb von Roboteranlagen

Im Betrieb der Roboteranlage amortisieren sich die Investitionskosten der Anlage mittels Kosteneinsparungen durch deren Nutzung (siehe auch Kap. 8). Hauptakteur in dieser Phase ist der Endnutzer. Dessen Personal betreibt die Anlage und beseitigt kleinere Störungen. Große Endnutzer qualifizieren ihren internen Betriebsmittelbau zum Teil bis zur Wartung des Roboters und wichtiger Komponenten der Roboteranlagen, um im Betrieb möglichst unabhängig von Dienstleistern und Lieferanten zu sein. Andere legen die Verantwortung vollständig in die Hände von Dienstleistern.

6.7.1 Störungen im Betrieb

Beim Betrieb von Roboteranlagen treten trotz sorgfältiger Planung immer wieder Störungen auf. Leichte Störungen entstehen durch kleine Fehler im Prozessablauf in der Anlage und führen nicht zu Beschädigungen. Beispiele hierfür sind das Herausfallen eines Teils aus dem Greifer des Roboters oder ein Festbrennen des Schweißbrenners während des Schweißvorgangs. Zur Beseitigung kleiner Störungen ist in der Regel ein Betreten der Anlage durch den Bediener mit anschließender Sichtkontrolle und Quittieren des Fehlers ausreichend.

Mittlere Störungen führen zu einem Stillstand der Anlage. Sie treten in der Regel aufgrund von Verschleiß oder Beschädigung einzelner Komponenten auf. Beispiele mittlerer Störungen sind eine Beschädigung von Greiferbacken oder das Verklemmen von

Spannelementen in einer Spannvorrichtung. Mittlere Störungen werden in der Regel durch den Betriebsmittelbau des Endnutzers beseitigt. Zu beachten ist, dass je nach Schichtmodell und Rufbereitschaft des Betriebsmittelbaus Anlagenstillstände von bis zu einer Schicht auftreten können.

Schwere Störungen treten durch Defekte an Kernkomponenten der Anlage auf. Beispiele sind Getriebebrüche beim Roboter oder Defekte im Schweißgerät. Sie erfordern in der Regel die Unterstützung des jeweiligen Lieferanten und, je nach Qualifizierung des Personals des Endnutzers, auch den Einsatz des Systemintegrators. Hierbei müssen häufig Komponenten ausgetauscht werden. Bei gängigen Komponenten sind Komponentenlieferanten meist in der Lage, sehr schnell Ersatz zur Verfügung zu stellen. So sind bei Roboterherstellern die Ersatzteile gängiger Roboter in der Regel innerhalb weniger Stunden ab Lager verfügbar. Oft ist daher ein Austausch noch am Tag der Störung möglich. Gerade bei kritischen und speziell für den Endnutzer gefertigten Komponenten sollte durch den Endnutzer erwogen werden, Ersatz vor Ort vorzuhalten, um Stillstandszeiten und das Risiko von Produktionsausfällen zu minimieren.

6.7.2 Wartung und Reparatur

Während des Betriebs fallen zudem immer wieder Wartungs- und Reparaturtätigkeiten an. Bei Reparaturen handelt es sich um die Behebung unerwarteter Ausfälle der Roboteranlage, während Wartung regelmäßige, geplante Aktivitäten zur Überholung der Anlage beschreibt. Unter Reparatur fallen insbesondere die bereits beschriebenen schweren Störungen. Diese Prozesse sind durch den internen Betriebsmittelbau bzw. die interne Instandhaltung durchzuführen. Zur Steuerung sollte für jede Anlage ein Wartungslogbuch angelegt werden. Im Wartungslogbuch werden durchgeführte Arbeiten an der Anlage dokumentiert. Im Hinblick auf Störungen und notwendige Reparaturen ist zu prüfen, ob es sinnvoll ist, auch den Anlagenbedienern Handlungsvollmachten zum Hinzuziehen des Systemintegrators einzuräumen oder eine permanente Rufbereitschaft der Instandhaltung zu etablieren. Ansonsten können Störungen in Randzeiten, z. B. in der Nachtschicht, am Wochenende oder in der Urlaubszeit, zum Teil zu langen Stillständen führen. Wie bereits beschrieben, kann das Vorhalten kritischer Komponenten für den Reparaturfall sinnvoll sein, um Stillstandszeiten aufgrund der Beschaffung von Material und Ersatzteilen zu reduzieren. Momentan stellt die zustandsbasierte Wartung von Anlagen einen großen Trend dar. Hierbei überwachen kritische Komponenten der Roboteranlage ihren Zustand kontinuierlich selbst und zeigen entstehende Wartungsbedarfe selbsttätig an. Es handelt sich jedoch nach wie vor um ein Forschungsthema, dessen Nutzen und Zuverlässigkeit in der Praxis sich in den kommenden Jahren erst beweisen muss.

6.7.3 Verantwortung für den Betrieb der Roboteranlage

In den ersten Wochen des Anlagenbetriebs arbeiten Systemintegrator und Endnutzer meist sehr eng zusammen. So ist häufig Personal des Systemintegrators in den ersten Betriebstagen vor Ort, um Störungen und „Kinderkrankheiten" der Anlage umgehend beseitigen zu können. Für den Endnutzer ist eine schnelle Reaktionsfähigkeit des Systemintegrators im Falle schwerer Störungen sehr wichtig. Daher sollte bei der Auswahl eines Systemintegrators auf die räumliche Nähe von Servicestandpunkten und eine schnelle Reaktionsfähigkeit im Falle von Störungen geachtet werden. Oftmals wird ein Servicevertrag zwischen Endnutzer und Systemintegrator abgeschlossen, um gewisse Verfügbarkeiten und Vorlaufzeiten für Serviceeinsätze zu gewährleisten.

Die Verantwortung für einen wirtschaftlichen Betrieb der Roboteranlage liegt beim Endnutzer. Dieser muss die Anlage in seinen Produktionsbetrieb einplanen und betreiben. In der Regel sollte ein Betrieb in mindestens zwei Schichten erfolgen, um die Wirtschaftlichkeit der Anlage zu gewährleisten. Die Verfügbarkeit von geschultem Fachpersonal ist sicherzustellen. Nähere Ausführungen hierzu finden sich ebenfalls im Kap. 8. Zudem sollte die Arbeitsteilung zwischen Bediener und Roboteranlage kontinuierlich überprüft werden, um die vorhandene Personalkapazität optimal zu nutzen. Der Wechsel zwischen Programmiertätigkeiten am Roboter und Nutzung der Roboteranlage für die Produktion sollte gerade in einer variantenreichen Produktion kontinuierlich auf Wirtschaftlichkeit überprüft werden. Nur so kann die Produktionsplanung abschätzen, für welche Arten von Aufträgen der Einsatz der Roboteranlage sinnvoll ist und wo die Kosten für Stillstand und Programmierung den Nutzen durch die automatisierte Produktion mit der Roboteranlage übersteigen.

Konzeption und Planung 7

Zusammenfassung

Automatisierungsprojekte entstehen im Zusammenhang mit konkreten Produktionsaufgaben. In den meisten Fällen bildet eine Fertigung eines bereits existierenden Produkts den Ausgangspunkt der Betrachtung, ob eine Rationalisierung durch den Einsatz von Automatisierung möglich ist. Dabei ist a priori nicht klar, ob und wenn ja welche Arbeitsinhalte durch einen Automaten oder Industrieroboter ausführbar sind. Vor dem eigentlichen Automatisierungsprojekt steht daher die Identifikation der zu automatisierenden Prozesse. Der Weg zu einer durch Automatisierung rationalisierten Produktion beginnt daher mit der Bewertung der Automatisierbarkeit, welche anhand von sogenannten *Potenzialanalysen* durchgeführt wird. Das Ziel dabei ist, einen Schätzwert für die technische Machbarkeit, die potenzielle Einsparung und die notwendigen Investitionskosten zu erhalten, so dass eine fundierte Entscheidung getroffen werden kann, ob in eine Automatisierung investiert werden sollte. Dabei können überlagerte Methoden, wie z. B. die des Wertstromdesigns [1], Anhaltspunkte geben, in welchem Bereich eine detaillierte Betrachtung der Automatisierbarkeit sinnvoll ist. Der zweite Schritt ist die *Konzeption* eines automatisierten Prozesses. Dieser Prozess soll in vielen Fällen einen bisher manuell ausgeführten Prozess ersetzen, wobei die bei der manuellen Fertigung vergleichsweise hohen Lohnkosten durch die geringeren laufenden Kosten einer Roboterzelle ersetzt werden sollen. Ist die Ersparnis bei den laufenden Kosten hinreichend hoch, lohnt sich die initiale Investition und das Automatisierungsprojekt ist wirtschaftlich sinnvoll. Mitunter werden auch Roboter zur Automatisierung von Prozessen erwogen, die bereits mit einer anderen Maschine durchgeführt werden, wobei der Roboter Vorteile in Bezug auf Zeit, Qualität oder Kosten verspricht. Die Erfahrung zeigt, dass häufig keine eindeutige Entscheidung über die wirtschaftlische Automatisierung getroffen werden kann, ohne spezifische Aspekte der Applikation genauer zu untersuchen. Dies kann je nach Aufgabe

A. Pott und T. Dietz, *Industrielle Robotersysteme*,
https://doi.org/10.1007/978-3-658-25345-5_7

in experimentellen *Machbarkeitsuntersuchungen* oder anhand von *Simulationen* geschehen. Wenn das Risiko für eine Investition hinreichend gut beherrscht ist, folgt schließlich die *Realisierung,* in der die Anlage gebaut und in Betrieb genommen wird.

7.1 Potenzialanalyse

Zunächst muss in einer Potenzialanalyse (Abb. 7.1) ermittelt werden, welche Prozesse und Aufgaben in einer Produktion sinnvoll automatisiert werden können. Dazu wird ein zu betrachtender Bereich der Produktion, z. B. eine Montagelinie, definiert und in Stationen bzw. Arbeitsinhalte eingeteilt. Für jede Station werden dann Kriterien erhoben, die die Automatisierbarkeit bewerten. Die hierzu wichtigsten Faktoren sind die *technische Machbarkeit* als notwendige Voraussetzung und der *wirtschaftliche Nutzen.* Bei besonders schweren Arbeiten spielt die *ergonomische Erleichterung* für den Werker eine Rolle. Dies ist beispielsweise der Fall, wenn schwere Lasten regelmäßig gehoben werden müssen oder wenn Arbeiten in besonders ungünstigen Körperhaltungen über Kopf ausgeführt werden müssen. Je nach Aufgabe können auch Qualitätskriterien von Bedeutung sein. Wenn der Arbeitsinhalt durch einen Automaten ausgeführt werden kann, kann in der Regel mit gleichbleibender *Qualität* gerechnet werden, die weder von der Länge der Schicht noch von den oftmals schwankenden Fähigkeiten mehrerer Werker abhängt (Werkereinfluss). Die Gewichtung zwischen diesen Faktoren hängt von der Aufgabenstellung ab. In der Regel dominieren Automatisierbarkeit und Wirtschaftlichkeit die Betrachtung. Um zu einer vergleichbaren Bewertung zu gelangen, werden die einzelnen Faktoren gewichtet und aufaddiert. Damit ergibt sich für jede Arbeitsstation eine Bewertung, die in Form einer Tabelle oder eines Diagramms veranschaulicht werden kann. Durch eine Sortierung nach der Eignung zur Automatisierung verschafft man sich einen Überblick, wie viele und welche Prozesse potenziell für eine Automatisierung infrage kommen (Abb. 7.1).

In Abb. 7.2 ist eine qualitative Bewertung von Automatisierbarkeit und Einsparpotenzial aufgetragen. Bei Standardprozessen liegt in der Regel eine gute Automatisierbarkeit vor, so dass bei hinreichenden Stückzahlen schnell eine technisch und wirtschaftlich machbare Lösung gefunden werden kann. Bei weniger gängigen Prozessen muss geprüft werden, ob eine Speziallösung voraussichtlich innerhalb der durch Wirtschaftlichkeit gegebenen Grenzen erreicht werden kann. Bei einer noch geringeren Eignung für die Automatisierung gibt es die Möglichkeit, durch eine Veränderung des Produkts die Automatisierbarkeit zu erleichtern. Diese als *Design for Automation* bezeichnete Technik wird in [2] beschrieben und hier nicht weiter verfolgt. Bei noch geringeren Einsparpotenzialen bzw. noch größeren Hemmnissen sollte von der Automatisierung Abstand genommen werden.

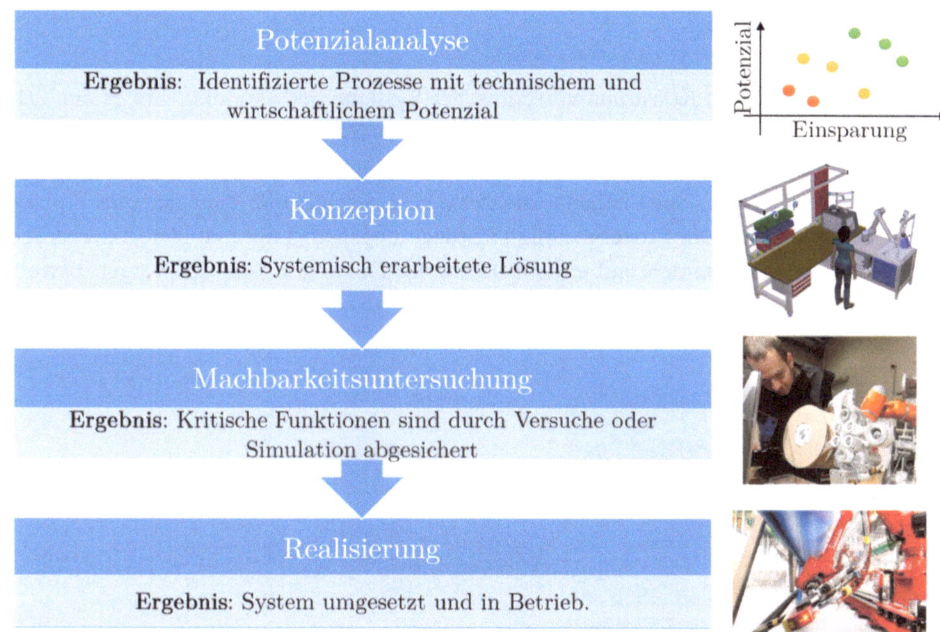

Abb. 7.1 In vier Schritten zur rationalisierten Produktion mit Robotern

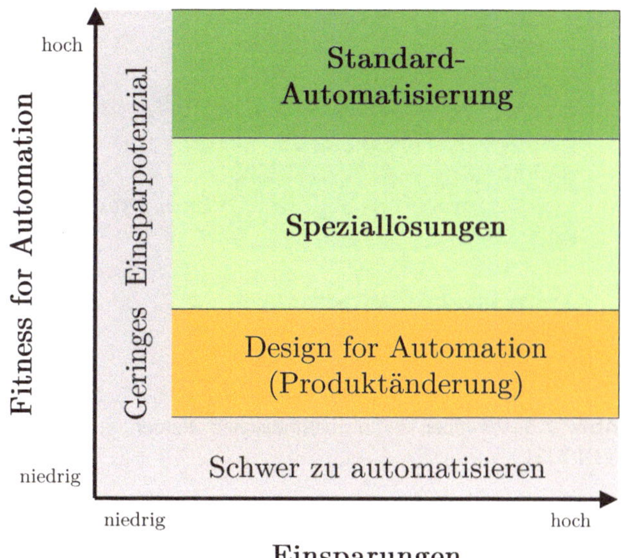

Abb. 7.2 Bewertung der Automatisierbarkeit

7.2 Konzeption

Für das Entwickeln und Konstruieren technischer Systeme und Produkte gibt es die VDI-Richtlinie 2221 [3]. Diese bildet den Rahmen (Abb. 7.3) für das im Folgenden beschriebene Vorgehen. Diese Form der kreativen Lösungsfindung wird angewendet, wenn für ein technisches Problem keine Lösung bekannt ist oder eine Alternative für ein bekanntes Problem gefunden werden soll. Der Prozess kann in Entwicklungsteams mit und ohne externe Teilnehmer durchgeführt werden und erlaubt neben der Dokumentation der Vorgehensweise auch eine Steuerung der Zusammenarbeit im Team.

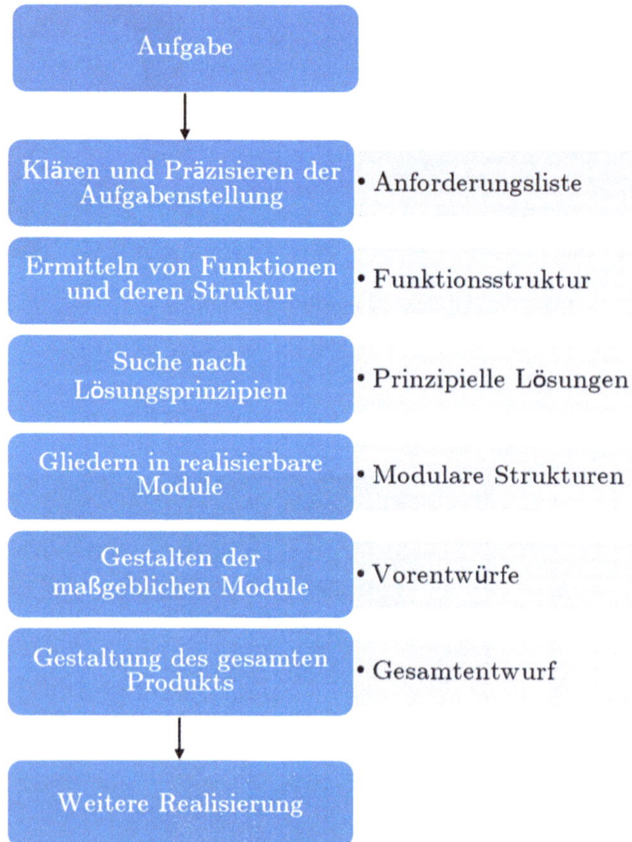

Abb. 7.3 Vorgehen beim methodischen Planen von Automatisierungslösungen, angelehnt an VDI 2221

7.2.1 Aufgabenstellung

Den Ausgangspunkt bildet eine konkrete Aufgabenstellung, welche in der Regel aus dem Arbeitsinhalt einer definierten Station in der Fertigung abgeleitet ist. Am Beispiel der Handhabung von Wellenrohlingen kann eine Aufgabenstellung wie folgt lauten: „Lagerichtige Zuführung von Wellenrohlingen in eine Schmiedepresse". Im ersten Arbeitsschritt muss diese Aufgabenstellung nun präzise in einem Lastenheft formuliert werden, um im Rahmen der weiteren Arbeit die Lösungsfindung auf diese Anforderungen abzugleichen. Viele Automatisierungsprojekte scheitern daran, dass anfänglich zu ungenau geklärt wurde, worin die Aufgabe genau besteht. Dazu werden die Anforderungen in Muss-, Soll- und Wunschanforderungen aufgeteilt.

Die herausgearbeiteten Anforderungen sind in Tab. 7.1 am Beispiel der Handhabung von Wellenrohlingen dargestellt. Neben der Erhebung der Ausprägung der Eigenschaften ist bereits die Liste der wesentlichen Anforderungen ein wertvolles Arbeitsergebnis dieses Aufgabenschritts. Die Formulierung der Anforderungen muss lösungsneutral erfolgen, d. h. eine mögliche Umsetzung darf nicht durch die Anforderungen vorweggenommen werden. Sowohl die Zusammenstellung der Anforderungen als auch deren Ausprägung kann am besten im Dialog zwischen Endnutzer der Anlage und Planer bzw. Hersteller der Produktionstechnik erarbeitet werden.

7.2.2 Funktionsprinzipien

Bei der Ermittlung von Funktionen und deren Strukturierung wird der zu automatisierende Prozess in unabhängige Teilfunktionen aufgespalten. Bei herausfordernden Automatisierungsaufgaben ist eine feine Aufgliederung in die Teilfunktionen hilfreich, um in folgenden Schritten viele Lösungsalternativen entwickeln zu können. Eine zu grobe Gliederung der

Tab. 7.1 Beispiel für präzisierte Anforderungen bei der Planung einer automatisierten Roboterzelle

Anforderung	Ausprägung	Art
Bauteil	Drei Varianten eines Wellenrohlings (mit CAD Daten)	Muss
Greifbare Flächen	Schaft, Kragen	Muss
Taktzeit	12 s	Muss
Bereitstellung	Unsortiert in Gitterboxen	Muss
Grad der Ausleerung	99 %	Soll
Genauigkeit der Ablage	Lagerichtig, 3 mm Positionsfehler, 3° Orientierungsfehler	Wunsch
Verfügbarkeit	98 %	Muss
Erkennung von Falschteilen	Optische Erkennung und Ausschleusung	Wunsch

Funktionen führt häufig direkt auf ein scheinbar eindeutiges Konzept, welches für den Bearbeiter als naheliegend erscheint. Bei einfach gelagerten Aufgaben mag diese Lösung auch tragfähig und umsetzbar sein. Ist eine einfache Lösung nicht zu erwarten oder war die Intuition falsch, gelangt die Konzeption so allerdings in eine Sackgasse, da alternative Lösungen für die ungünstig gewählten Teilfunktionen nicht mehr gefunden werden können.

Am Beispiel des Handhabens von Wellenrohlingen können geeignete Teilfunktionen etwa sein: Bewegen, Greifen, Toleranzausgleich beim Greifen, Lokalisieren und Toleranzausgleich beim Ablegen. Die Aufgliederung in Teilfunktionen ist nicht immer eindeutig, muss aber alle notwendigen Funktionen abbilden. Genau wie bei der Klärung der Aufgabenstellung ist eine lösungsneutrale Funktionsbeschreibung entscheidend, um nicht vor der Lösungssuche bereits relevante Ausprägungen auszuschließen.

Gute Kategorien für die Gliederung in Teilfunktionen lassen sich u. a. aus der Systematik der Fertigungsverfahren mit ihren Haupt- und Untergruppen gewinnen (DIN 8580). Hierbei stammen die vermehrt auftauchenden Funktionen aus den Gruppen, für deren Automatisierung auch häufiger Roboter eingesetzt werden. Eine gute und offene Gliederung in Teilfunktionen erscheint auf den ersten Blick häufig übertrieben detailliert. Die nähere und isolierte Betrachtung der Teilfunktionen ist aber arbeitsteilig und mit einem besseren Fokus auf die Funktionen möglich. Die Zerlegung der Funktionen bildet auch den Rahmen für eine Besprechung im Team bzw. die gezielte Konsultation von Fachexperten.

An die Gliederung in Teilfunktionen schließt sich die Suche nach Lösungsprinzipien für diese Teillösungen an. Diese lassen sich vorzugsweise in einem *morphologischen Kasten* zusammenstellen. Dies ist eine in Tabellenform gehaltene Darstellung, bei der die Teilfunktionen als Zeilen eingetragen werden und in den Spalten Varianten der Ausführung aufgelistet werden. Wenn die Teilfunktionen unabhängig formuliert sind, können alternative Lösungen von einem oder mehreren Bearbeitern als beliebige Kombination der Teillösungen für einzelne Funktionen gesucht und eingetragen werden. Es hat sich bewährt, dazu Brainstorming und ähnliche kreative Techniken einzusetzen, um mit einem Team in kurzer Zeit viele Lösungsvarianten zu erarbeiten und anhand der Teilfunktionen zu gruppieren. Auch ein mehrstufiges Brainstorming ist von Vorteil. Dabei werden nach der ersten Bearbeitungsphase die vorgeschlagenen Lösungen in der Gruppe vorgestellt. Dann wird eine weitere Kreativarbeit gestartet, bei der die Teilnehmer sich von den vorgestellten Lösungen inspirieren lassen. Diese Art der Zusammenarbeit führt häufig zu neuen, bisher nicht betrachteten Ideen, die das Lösungsspektrum wesentlich erweitern kann. Eine methodisch verwandte Vorgehensweise ist das *Brain-Writing,* bei der die Lösungsvorschläge auf Zettel geschrieben und in der Gruppe dann weitergegeben werden. Bei der kreativen Lösungsfindung sollten die Anforderungen aus dem ersten Schritt nicht zu streng ausgelegt und Lösungen nicht vorzeitig verworfen werden, da die Kombination einzelner Teillösungen eine die Anforderungen erfüllende Lösung darstellen kann. Ebenso können Lösungsprinzipien eine Inspiration für ähnliche Ansätze bilden, die ihrerseits die Anforderungen erfüllen.

Unabhängig von der angewendeten Kreativtechnik werden alle alternativen Lösungen im morphologischen Kasten schriftlich oder mit einer Skizze dargestellt. Aus dem

Tab. 7.2 Beispiel für einen morphologischen Kasten anhand der Greifprinzipien für einen gegebenen Kleinladungsträger

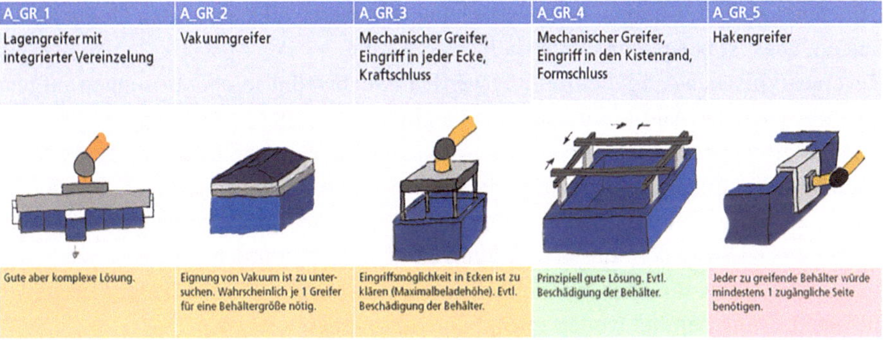

A_GR_1	A_GR_2	A_GR_3	A_GR_4	A_GR_5
Lagengreifer mit integrierter Vereinzelung	Vakuumgreifer	Mechanischer Greifer, Eingriff in jeder Ecke, Kraftschluss	Mechanischer Greifer, Eingriff in den Kistenrand, Formschluss	Hakengreifer
Gute aber komplexe Lösung.	Eignung von Vakuum ist zu untersuchen. Wahrscheinlich je 1 Greifer für eine Behältergröße nötig.	Eingriffsmöglichkeit in Ecken ist zu klären (Maximalbeladehöhe). Evtl. Beschädigung der Behälter.	Prinzipiell gute Lösung. Evtl. Beschädigung der Behälter.	Jeder zu greifende Behälter würde mindestens 1 zugängliche Seite benötigen.

morphologischen Kasten lassen sich nun kombinatorisch Lösungen erstellen. Die potenzielle Vielfalt ist dabei sehr groß, denn nun lässt sich jede Teillösung mit beliebigen Teillösungen für andere Funktionen kombinieren, so dass sich die Anzahl der Gesamtlösungen potenziert.

Ein Beispiel für einen erarbeiteten morphologischen Kasten ist in Tab. 7.2 dargestellt. Als Meilenstein in der Entwicklung bietet sich bei größeren Projekten an, den morphologischen Kasten elektronisch mit einer Tabellenkalkulation darzustellen oder auf ein Poster auszudrucken.

7.2.3 Gliederung gestaltbarer Module

Der morphologische Kasten liefert die Zutaten für die Synthese eines umsetzbaren Systems und stellt die größte Breite von Lösungen dar. Von nun an zielt der Prozess auf eine zielgerichtete Einschränkung der Lösungen. Bei komplexen Automatisierungsaufgaben kann diese Ausarbeitung eine große Anzahl von Lösungsvarianten zulassen, die sich mit vertretbarem Aufwand nicht alle überprüfen lassen. Daher wird im nächsten Schritt der Fokus auf *gestaltbare Module* gerichtet. Diese fassen Teilfunktionen zusammen, die bei einer bestimmten Ausführungsvariante sinnvollerweise gemeinsam gelöst werden. Worin die Gemeinsamkeiten bestehen, muss situativ entschieden werden. Gleiche Formen der Energiebereitstellung (z. B. Pneumatik), der Datenverarbeitung (Mikrocontroller bzw. Computer) oder Fertigungstechnik (z. B. Verbundbauteile) stellen typische Verbindungen zwischen Teilfunktionen dar. Ebenso spielen die von Komponentenherstellern angebotenen Produktprogramme eine Rolle, da häufig der Integrationsaufwand zwischen Komponenten verschiedener Hersteller größer ist als die Preisdifferenzen zwischen den Komponenten einzelner Hersteller. In vergleichbarer Weise lassen sich Lösungsprinzipien ausschließen, die in direktem Widerspruch zu den im ersten Schritt angenommenen Anforderungen stehen oder im Vergleich zu den Alternativen weniger gut die optionalen Soll- und Wunschanforderungen erfüllen. Auf diese Weise lassen sich kombinatorische Wege durch den morphologischen Kasten finden, die potenzielle Lösungen darstellen. Dabei lassen sich alle sinnvollen Gesamtlösungen aufzeigen. Dies ist beispielhaft in Abb. 7.4 dargestellt.

Bei einer typischen Aufgabenstellung werden zwei bis fünf solcher Lösungen aufgearbeitet und bezüglich des Anforderungsprofils verglichen. Sofern die Reihung der Lösungskonzepte nicht offensichtlich ist, wird eine gewichtete Bewertung anhand der Muss-, Soll- und Wunschanforderungen vorgenommen. Dies erlaubt die Auswahl einer favorisierten Lösung. Wenn diese Lösung den Experten nicht überzeugt, muss überprüft werden, ob relevante Kriterien bei der Klärung der Aufgabenstellungen übersehen wurden. Bei besonders erfolgskritischen Projekten, die über hinreichend große Ressourcen verfügen, kann zusätzlich die zweitbeste Lösung parallel weiterverfolgt und ausgearbeitet werden.

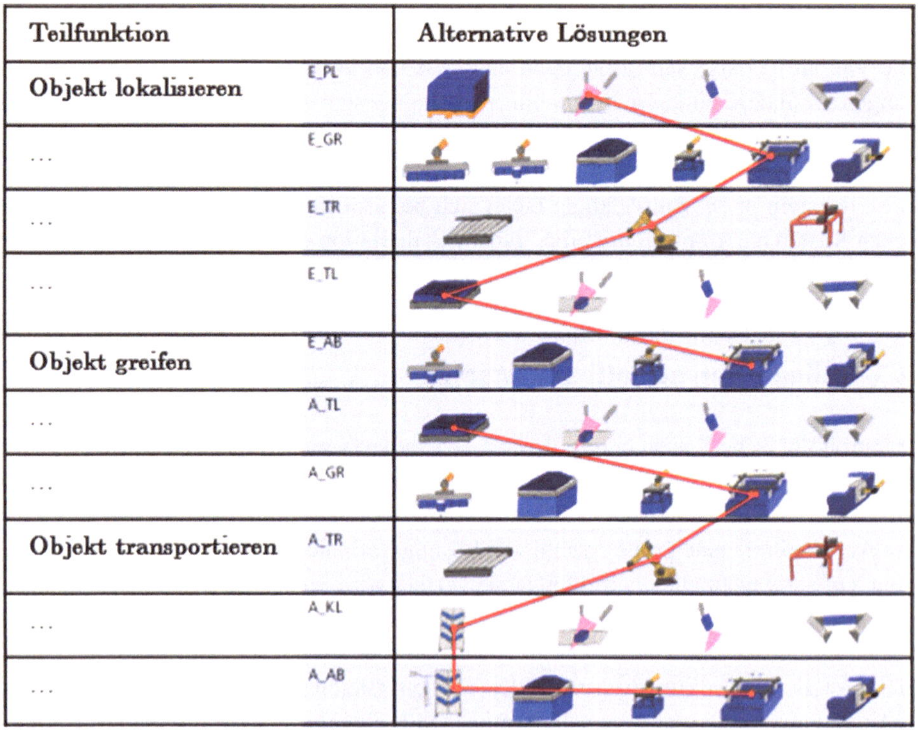

Teilfunktion		Alternative Lösungen
Objekt lokalisieren	E_PL	
...	E_GR	
...	E_TR	
...	E_TL	
Objekt greifen	E_AB	
...	A_TL	
...	A_GR	
Objekt transportieren	A_TR	
...	A_KL	
...	A_AB	

Abb. 7.4 Kombinationen der Lösungsvarianten aus einem morphologischen Kasten am Beispiel eines Kommissionierroboters

7.2.4 Gestaltung maßgeblicher Module

Auf der Basis der gewählten Lösung werden die wesentlichen Module ausgestaltet. Aus dem morphologischen Kasten lassen sich dabei bereits Eckdaten ableiten, so dass ein weitgehend maßstabsgerechter Entwurf gemacht werden kann. Die Ausgestaltung der Module umfasst die Komponentenauswahl, die elektromechanische Konstruktion, die softwaretechnische Entwicklung von Algorithmen für Bild- und Signalverarbeitung sowie die Auslegung von Regelungs- und Steuerungsfunktionen. Bei der Ausgestaltung der Lösungen ist zu beachten, dass diese in der Regel als Einzelstücke bzw. Sondermaschinen erstellt werden. Um eine ausreichend gute Zuverlässigkeit zu erreichen, empfiehlt es sich, möglichst viele etablierte Komponenten mit geprüfter Verfügbarkeit vorzusehen. Insbesondere bei der Gestaltung von Standardfunktionen muss sorgsam abgewogen werden, ob vermutete Kostenvorteile gegenüber einer bereits etablierten Komponente in Bezug auf Lebensdauer, Ersatzteile und Integrationsaufwand gerechtfertigt sind.

Spätestens in dieser Phase der Gestaltung ist die Frage nach der Prozesssicherheit bzw. Industrietauglichkeit entscheidend. Dabei müssen kritische Funktionen, Prozesse und Module identifiziert werden, deren Umsetzung mit einem Risiko verbunden ist. Für diese Module empfehlen sich sogenannte *Machbarkeitsuntersuchungen,* die im Folgenden ausgeführt werden.

7.3 Machbarkeitsuntersuchung

Die Machbarkeitsuntersuchung ist ein wichtiger Baustein, um das Risiko bei der Umsetzung eines Automatisierungsprojekts zu beherrschen. Aus den vorangegangenen Schritten ist bekannt, welche Teilfunktionen als kritisch zu bewerten sind. Das Ziel der Machbarkeitsuntersuchung besteht nun darin, mit möglichst geringem Aufwand nachzuweisen, dass die erforderlichen Leistungseigenschaften mit dem favorisierten Konzept voraussichtlich erreicht werden können (Abb. 7.5).

Für diese Untersuchung kommen zwei Ansätze infrage: Experimente an einem für die Untersuchung aufzubauenden Funktionsmuster oder Simulationen. Heute können Simulationen bereits in vielen Bereichen angewendet werden. Die Voraussetzung dafür ist, dass die Korrektheit der Simulationen für die zu untersuchende Funktion hinreichend gut abgesichert ist. Typische Funktionen, die gut und kosteneffizient mittels einer Simulation untersucht werden können, sind:

- *Erreichbarkeit* von Arbeitspunkten durch den Roboter durch Bewegungssimulation (Abschn. 2.3.3)
- Abschätzung der *Taktzeit* des Roboters (siehe Abschn. 5.1.2)
- *Festigkeit* von Bauteilen anhand von der Finite-Elemente-Methode (FEM)
- Einfluss von *Singularitäten* auf die Beweglichkeit des Roboters (Abschn. 2.3.5)

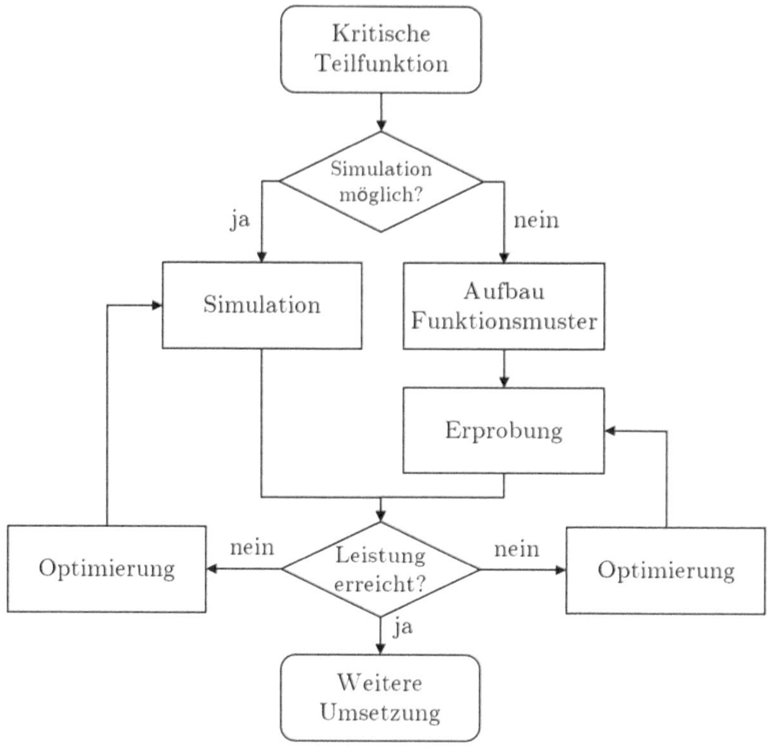

Abb. 7.5 Ablaufdiagramm für eine Machbarkeitsuntersuchung

- *Kollisionen* von Roboter, Endeffektor und Peripherie (Abschn. 2.3.3)
- *Synchronisation* von mehreren bewegten Einheiten in einer Automatisierungslösung[1]
- Bewegung und Koordination von mehreren *kooperierenden Robotern*
- Einfluss von einfachen *zufälligen Prozessen* auf Lage und Orientierung der Bauteile, z. B. zufällige Verteilung von Lebensmitteln auf einem Förderband
- Simulation von bereits gut verstandenen Prozessen wie Zerspanen oder manche Formen des Schweißens
- Erreichbarkeit und *Ergonomie für Werker* an Übergabestation
- Integration der automatisierten Maschine in den *Materialfluss* einer Fertigung

Darüber hinaus ist die sogenannte Echtzeitsimulation [4] zu einem leistungsfähigen Werkzeug geworden, um auch die Funktion und Korrektheit von Steuerungs- und Regelungsfunktionen zunächst an einem virtuellen Prototyp zu entwickeln. Dabei ist der Übergang von der Machbarkeitsuntersuchung zur Entwicklung fließend. Anhand solcher virtuellen Methoden im Engineering werden zunächst die digitalen Planungsunterlagen der Anlage entwickelt.

[1]Dies umfasst die Untersuchung der Übergabe von bzw. auf Taktbänder, sich öffnende und schließende Türen an Bearbeitungsmaschinen, Pressen, Kabinen sowie die Bewegung von Vorrichtungen.

Dann kann eine *virtuelle Inbetriebnahme* der Steuerung bereits anhand einer simulierten Roboterzelle erfolgen. Dieses Vorgehen reduziert deutlich das Risiko, dass unentdeckte Fehler in der Software erst kurz vor der Abnahme beim Kunden entdeckt oder gar erstmals im Produktivbetrieb sichtbar werden.

Manche kritische Fragestellungen lassen sich nicht durch Simulation beantworten, weil der Aufbau des Simulationsmodells nicht wirtschaftlich oder der kritische Prozess zu wenig verstanden ist. In diesen Fällen kann eine Machbarkeitsuntersuchung anhand von Experimenten an einem Funktionsmuster erfolgen. Solche Experimente werden durchgeführt:

- zur Qualifizierung und Absicherung von neuen Prozessen
- für mit großen Unsicherheiten behaftete Prozesse
- für die Interaktion mit komplexen Sensoren, insbesondere bei Bildverarbeitung, Schweißnahtverfolgung, Ultraschallprüfung, Röntgensensoren und ähnlichen Verfahren
- bei komplexen Prozesse und Werkzeugen, z. B. in der Montage, beim Verlegen von Dichtungen, Verhalten von Schüttgütern und ähnlichen Vorgängen
- für Arbeitsabläufe, die wesentlich durch das Verhalten von Menschen geprägt sind

Die in einer Machbarkeitsuntersuchung betrachteten Umstände sind immer in Bezug auf die spezifizierte Aufgabe (Abschn. 7.2.1) genau zu definieren. Da der Aufwand von Simulationen und Experimenten stark mit der Anzahl der betrachteten Varianten ansteigt, besitzen die empirischen Ergebnisse von Experimenten nur bei einem klar spezifizierten Anwendungsfall ihre Aussagekraft.

Letztendlich ist das Ziel der Machbarkeitsuntersuchung, schnell und kostengünstig eine Aussage über die Realisierbarkeit einer Funktion zu bekommen. Dabei werden Daten über die zu erwartende Qualität, Prozesssicherheit und wichtige Randbedingungen für die Umsetzung erarbeitet. Ebenso werden qualifizierte Aussagen zur Taktzeit und den zu erwartenden Kosten gewonnen. Mit diesen Informationen kann das Risiko einer Realisierung qualifiziert bewertet werden.

Literatur

1. Erlach, K (2010) Wertstromdesign. Springer, Berlin
2. Boothroyd, G (2005) Assembly automation and product design. CRC Press, Boca Raton
3. VDI (1993) Systematic approach to the development and design of technical systems and products (VDI 2221). VDI Verlag, Düsseldorf
4. Röck, S (2007) Echtzeitsimulation von Produktionsanlagen mit realen Steuerungssystemen. Jost-Jetter Verlag, Heimsheim

8 Wirtschaftlichkeitsbetrachtung industrieller Roboteranlagen

Zusammenfassung

Die Bewertung der Wirtschaftlichkeit von Roboteranlagen ist aufgrund der Eigenschaft von Roboteranlagen als Sondermaschinen aufwendig. In der Regel sind Informationen aus vergangenen Projekten nur teilweise übertragbar und liegen nur bei einem Projektpartner vor. Daher sind meist zahlreiche Annahmen und Abschätzungen notwendig. Eine Bewertung sollte stets über den gesamten Lebenszyklus der Anlage erfolgen. Dabei werden verschiedene Handlungsoptionen miteinander verglichen, z. B. der manuelle Prozess und die Investition in eine Automatisierung. Bei typischen Prozessen lohnt sich der Robotereinsatz in der Regel nur im Zwei- oder Dreischichtbetrieb.

8.1 Grundüberlegungen zur Wirtschaftlichkeit

Kernmotivation für die Automatisierung mit Robotern ist die Realisierung von Kosteneinsparungen durch Rationalisierung in der Produktion. Der Einsatz von Robotern entspricht dabei in der Regel einer Umwandlung von variablen Kosten in fixe Kosten (Abb. 8.1). Dabei werden Personalkosten, die aufgrund der universellen Einsetzbarkeit von Personal als variabel angenommen werden, durch Investitionskosten in die Roboteranlage ersetzt. Die Bewertung der Wirtschaftlichkeit von Roboteranlagen zielt darauf zu ergründen, ob und unter welchen Bedingungen der Erwerb und Betrieb einer Roboteranlage für den Anlagennutzer zu Kostenvorteilen bei der Herstellung seiner Produkte führt. Die Wirtschaftlichkeit ist bei der Investitionsentscheidung für oder gegen eine Roboteranlage in der Regel das wichtigste Kriterium. Zwar spielen auch weitere Kriterien eine Rolle, wie z. B. mögliche Qualitätssteigerungen, die Verringerung von Ausschuss oder die ergonomische Entlastung der Mitarbeiter, diese Kriterien nehmen aber bei der Entscheidung gewöhnlich eine untergeordnete Rolle ein.

A. Pott und T. Dietz, *Industrielle Robotersysteme*,
https://doi.org/10.1007/978-3-658-25345-5_8

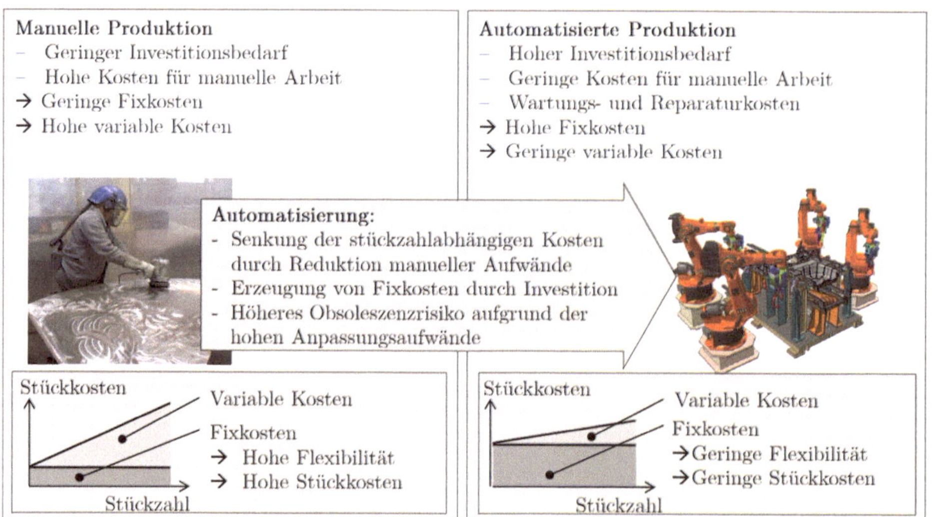

Abb. 8.1 Vergleich der Kosteneffekte manueller und automatisierter Produktion

8.1.1 Verteilung der Kosten für Robotersysteme

Bei der Bewertung der Wirtschaftlichkeit der Roboteranlage werden die Kosten für die Investition in die Roboteranlage und die Aufwände für deren Integration in den Produktivbetrieb mit den durch sie erzeugten Einsparungen im Produktivbetrieb verglichen und bewertet. Hierbei ist zu beachten, dass der Preis des Roboters meist nur einen kleinen Teil der Investitionskosten ausmacht. Erhebliche Aufwände fallen insbesondere für die Entwicklung der Anlage, den Bau von Peripheriekomponenten wie z. B. Vorrichtungen, Roboterwerkzeuge und Fördertechnik und für die Inbetriebnahme der Anlage an. Abb. 8.2 zeigt eine typische Kostenverteilung am Beispiel einer Handhabungszelle. Hierbei fällt der für Robotersysteme typische, hohe Kostenanteil für Peripherie und Entwicklungstätigkeiten auf. Zusätzlich zu den in Abb. 8.2 gezeigten Kosten fallen weitere Kosten und Aufwände durch Produktionsausfall während der Inbetriebnahme und des Hochlaufs sowie Probematerial und Schulung der Mitarbeiter des Anlagennutzers an. Diese müssen separat einkalkuliert werden.

8.1.2 Unsicherheiten und verteiltes Wissen

Bei der Beurteilung der Wirtschaftlichkeit von Roboteranlagen spielt deren Eigenheit als Sondermaschine erneut eine wichtige Rolle. So werden Roboteranlagen meist für eine spezielle Anwendung ausgelegt und aufgebaut. Die Übertragung wirtschaftlicher Kennzahlen bereits realisierter Roboteranlagen ist nur teilweise und unter großen Unsicherheiten

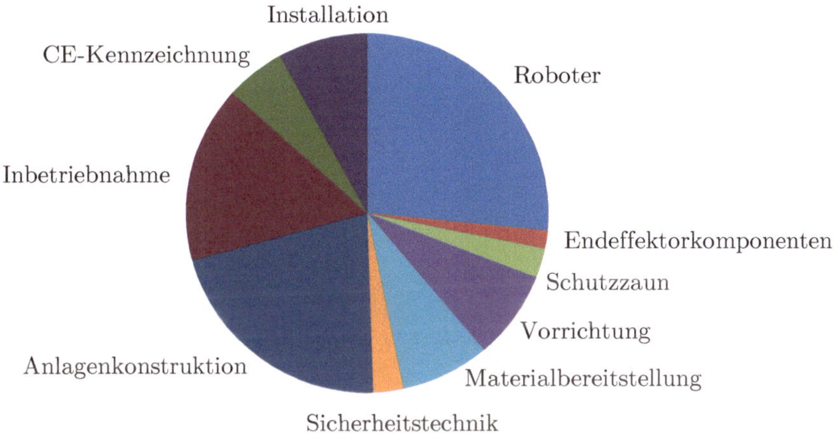

Abb. 8.2 Typische Verteilung der Realisierungskosten einer Roboteranlage am Beispiel einer Handhabungszelle

möglich. So kommt es während der Realisierung häufig zu unerwarteten Mehraufwänden, die in der Kalkulation durch entsprechende Puffer berücksichtigt werden müssen.

Zudem ist das notwendige Wissen zur Beurteilung der Wirtschaftlichkeit zwischen Systemintegrator und Endnutzer der Anlage verteilt. Der Systemintegrator kann die notwendigen Aufwände zur Konstruktion, Integration, Inbetriebnahme und Wartung abschätzen. Der Endnutzer kennt die durch den Roboter auszuführenden Prozesse und Nutzungsprofile der Anlage. Die Betrachtung der Wirtschaftlichkeit bedarf daher stets der Zusammenarbeit von Systemintegrator und Endnutzer. Dabei ist zu beachten, dass erste Betrachtungen der Wirtschaftlichkeit meist während der Vertragsverhandlungen von Systemintegrator und Endnutzer stattfinden. Der Systemintegrator hat hierbei einen Anreiz, die Wirtschaftlichkeit der Roboteranlage als Verkaufsargument so positiv wie möglich darzustellen.

8.1.3 Lebenszyklus von Roboteranlagen

Die Wirtschaftlichkeitsbetrachtung von Roboteranlagen sollte über deren gesamten Lebenszyklus erfolgen. Nur so kann der tatsächliche Nutzen verschiedener Lösungen aussagekräftig miteinander verglichen und eine fundierte Investitionsentscheidung bzw. sinnvolle Designentscheidungen für die Roboteranlage getroffen werden. Die Methode des Life-Cycle-Costing (LCC) bietet hierfür einen Rahmen, der eine lebenszyklusübergreifende Betrachtung von Roboteranlagen ermöglicht. Dabei sind verschiedene Quellen und Vorlagen zur Anwendung von LCC im Maschinen- und Anlagenbau verfügbar [1–5]. Abb. 8.3 zeigt den typischen Lebenszyklus einer Roboteranlage. Die einzelnen Phasen und deren Einfluss auf die Wirtschaftlichkeit der Roboteranlage werden in den folgenden Abschnitten erläutert.

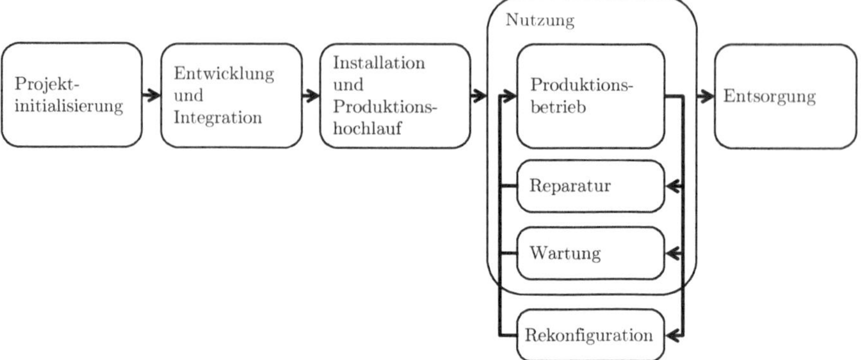

Abb. 8.3 Typischer Lebenszyklus einer Roboteranlage

8.2 Projektinitialisierung

Die Projektinitialisierung umfasst alle Aktivitäten bis zum Abschluss eines formalen Vertrags über die Realisierung des Robotersystems zwischen Endnutzer und Systemintegrator. Hier finden insbesondere die Grobkonzeption des Robotersystems, die Angebotserstellung durch den Systemintegrator und die Vertragsverhandlungen zwischen Endnutzer und Systemintegrator statt. Zum Teil werden in dieser Phase bereits kleinere Vorprojekte zur Konzeption und Abklärung der Machbarkeit bzw. zur Absicherung erreichbarer Leistungskennwerte der Roboteranlage durchgeführt. Zu beachten ist, dass die Interessen von Systemintegrator und Endnutzer in dieser Phase zum Teil gegenläufig sind. So ist der Systemintegrator hauptsächlich an einem Vertragsabschluss interessiert. Er hat daher ein Interesse, Leistungseigenschaften des Robotersystems tendenziell optimistisch einzuschätzen und Leistungen, soweit möglich, zur Reduktion des Angebotspreises aus dem Angebot auszuschließen. Der Endnutzer hingegen ist an einer hinsichtlich des Lebenszyklus optimalen Lösung interessiert und möchte die erforderlichen Aufwände zur Realisierung des Robotersystems bis zum Start des Produktivbetriebs kennen. Die Verhandlung zwischen Endnutzer und Systemintegrator erfolgt dabei meist auf Basis des Realisierungspreises des Robotersystems. Der Realisierungspreis allein ist als Grundlage zur Bewertung verschiedener Lösungen und deren Vorteile eher ungeeignet, da er keine Rückschlüsse auf spätere Mehrkosten oder Ersparnisse und folglich auf die Wirtschaftlichkeit über den gesamten Lebenszyklus zulässt. Endnutzer sollten sich daher bei der Auswahl von Lieferanten nicht allein vom Angebotspreis leiten lassen, sondern sind gehalten, die angebotenen technischen Lösungen und deren Eigenschaften und Auswirkungen auf den späteren Betrieb im Detail zu hinterfragen und zu bewerten.

8.3 Entwicklung und Integration von Roboteranlagen

Nach Vertragsabschluss beginnt das Automatisierungsprojekt und damit die Realisierung des Robotersystems. Hierbei liegt die Verantwortung zunächst primär beim Systemintegrator.

8.3.1 Tätigkeiten und Auswirkungen bei der Entwicklung

Während der Entwicklung des Robotersystems findet die Detailgestaltung bzw. die Erarbeitung des Detailkonzepts des Robotersystems und seiner Komponenten statt. Das Robotersystem selbst ist das in dieser Phase entwickelte und produzierte Produkt. Die ausgeführten Tätigkeiten umfassen insbesondere die Festlegung des exakten Layouts, die Erstellung von Konstruktionsunterlagen und elektrischen Schaltplänen und die Erstellung von Software und Programmen, wie z. B. die SPS-Programmierung. In dieser Phase fallen insbesondere Aufwände für Planung und Entwicklung an.

Gemessen am gesamten Lebenszyklus sind die entstehenden Kosten in der Entwicklung relativ gering. Da hier zahlreiche Designentscheidungen getroffen werden, ist diese Phase jedoch definierend für die Lebenszykluskosten des Robotersystems. Endnutzer und Systemintegrator sollten daher in dieser Phase sorgfältig vorgehen und die Auswirkungen von Designentscheidungen genau bewerten, auch wenn dies das Projekt leicht verzögert.

8.3.2 Komponentenbeschaffung, Integration und Vorabnahme

Für die Integration des Robotersystems werden die Hardwarekomponenten beschafft und durch den Systemintegrator zu einer Maschine integriert. Hierbei sind erhebliche finanzielle Mittel zur Beschaffung der Teilkomponenten erforderlich. Da die Anlage zu dieser Zeit nicht produziert und noch nicht vom Endnutzer abgenommen wurde, ist die Beschaffung der Komponenten in der Regel vom Systemintegrator vorzufinanzieren. Dabei kann der Finanzierungsbedarf oft durch Beistellung der Komponenten durch Komponentenlieferanten oder die Verhandlung entsprechend langfristiger Zahlungsbedingungen reduziert werden.

Die Integration der Komponenten findet in dieser Phase beim Systemintegrator selbst statt. Hierbei sind in Kosten- und Zeitplan entsprechende Puffer für unvorhergesehene Ereignisse einzuplanen. So können zusätzliche Komponenten notwendig sein oder die Integration von Komponenten könnte ungeplante Aufwände verursachen. Den Abschluss von Entwicklung und Integration bildet in der Regel der Factory Acceptance Test (FAT). Bei diesem wird die prinzipielle Funktionsfähigkeit der Roboteranlagen und die Erreichung grundlegender Leistungseigenschaften nachgewiesen. Eine Auflistung der Entwicklungs- und Inbetriebnahmeaufwände am Beispiel einer Handhabungszelle ist in Tab. 8.1 dargestellt.

Tab. 8.1 Typische Kostenblöcke bei der Realisierung von Roboteranlagen am Beispiel einer Handhabungsanlage

Komponente	Beschreibung	Einzelpreis (€)	Anzahl	Gesamtpreis (€)
Roboter	Roboter mit 270 kg Traglast	71.000	1	71.000
Greifer	Parallelbackengreifer	600	2	1200
Roboterwerkzeug (Konstruktion, Fertigung, Vermessung)	Eigenkonstruktion	35.000	1	35.000
Sensor zur Bauteilvermessung	Laserscanner	5000	1	5000
Vorrichtung	Existierende Vorrichtung zur Bauteilfixierung	0	1	0
Aufrüstung der Zielanlage	Anbindung Robotersystem an Zielanlage	40.000	1	40.000
Sicherheitstechnik	Schutzzaun, Zutrittsschutz, Schaltgerät nach externem Angebot	15.000	1	15.000
Bedienpult	Eigenbau	1000	1	1000
Bedienpultrechner	Industrie-PC	4500	1	4500
Softwarelizenzen	Bildverarbeitungssoftware	35.000	1	35.000
Bedienoberfläche	Entwicklungskostenschätzung	10.000	1	10.000
Detailkonstruktion der Anlagenkomponenten	Entwicklungskostenschätzung	10.000	1	10.000
Hardwareintegration	Kostenschätzung	20.000	1	20.000
Inbetriebnahme, Programmierung und Einfahren	Kostenschätzung	35.000	1	35.000
Summe				288.700

8.4 Installation beim Endnutzer und Produktionshochlauf

Nach dem Factory Acceptance Test (FAT) erfolgt die Auslieferung der Anlage zum Endnutzer. Diese wird nun am Bestimmungsort installiert und mit der bestehenden Produktionsumgebung des Endnutzers integriert. Wesentliche Kostenfaktoren sind die Aufwände für Transport, Personal zur Installation und Inbetriebnahme sowie die Kosten für Infrastrukturanpassungen in der Produktion des Endnutzers. Hierbei kommt es häufig zu unvorhergesehenen Problemen. Kosten und erforderlicher Zeitaufwand in dieser Phase sind daher oft nur schwer planbar. Bei der Kalkulation der Aufwände ist die längere Mitarbeiterbindung an das Projekt mit einzukalkulieren. Hierbei treten insbesondere unproduktive Wartezeiten aufgrund der zahlreichen Abhängigkeiten im Projekt auf. Darüber hinaus entstehen in der Regel Zusatzkosten für kurzfristige Problembehebungen, wie z. B. für die Expressfertigung und -lieferung von Komponenten und Wochenendarbeit. Auf jeden Fall sollten die Kosten für das Einfahren der Anlage mit einkalkuliert werden. Hierzu zählen insbesondere die Kosten für Probematerialien sowie für Produktionsausfall durch geringere Produktivität, Qualität und Stillstände der Anlage in den ersten Wochen des Betriebs. Weitere Kosten entstehen durch die Schulung von Mitarbeitern des Endnutzers. Dies bezieht sich sowohl auf die Kosten der Schulung selbst als auch auf die Arbeitskosten des geschulten Personals.

8.5 Nutzung der Roboteranlage im Produktionsbetrieb

Die Nutzung der Roboteranlage im Produktionsbetrieb stellt den eigentlichen Zweck der Beschaffung dar. Hier beginnt die Roboteranlage, Kosteneinsparungen durch Rationalisierung zu erzeugen. Diese Phase ist damit entscheidend für die Wirtschaftlichkeitsbewertung, da hier die den Kosten gegenüberstehenden Vorteile realisiert werden. Einsparungen ergeben sich primär durch die Reduktion manueller Produktionsaufwände. Bei einigen Prozessen, wie z. B. beim Lichtbogenschweißen, ist zudem eine Verringerung der Nacharbeit durch die besser reproduzierbare Qualität der roboterbasierten Fertigung möglich. Weitere Faktoren wie z. B. strategische Überlegungen fließen in der Regel rein qualitativ in die Bewertung der Investitionsentscheidung ein und haben meist keine ausschlaggebende Wirkung.

8.5.1 Bewertung von Kosten und Nutzen

Die Bewertung von Kosten und Nutzen der Anlageninvestition erfolgt in der Regel durch eine Gegenüberstellung der Situation mit und ohne Investition in die Anlage bei einem definierten Stückzahlszenario. Abb. 8.4 und Tab. 8.4 zeigen die zeitliche Kostenentwicklung für die Bauteilhandhabung zur Maschinenbeschickung im Falle einer manuellen Beschickung und der Investition in eine Roboteranlage. In diesem Kostenverlauf sind alle durch die Installation und Nutzung der manuellen und automatisierten Produktion anfallenden Kosten enthalten. Hierzu zählen Investitionskosten (Tab. 8.1) und nutzungsabhängige Betriebskosten (Tab. 8.2), wie z. B. Personalkosten und Kosten für Energie und Verbrauchsmaterialien, sowie zeitabhängige Betriebskosten (Tab. 8.3) wie z. B. Wartungs- und Reparaturkosten. Deutlich zu sehen ist der Investitionsbedarf der Roboteranlage zum Beginn der Produktion, der über die Nutzungsdauer durch die geringeren Personalaufwände amortisiert wird. Die Kurven der Kosten für manuelle und automatisierte Beschickung kreuzen sich im zweiten Jahr. An dieser Stelle liegt der Break-even-Punkt, ab dem die Produktion mit der Roboteranlage trotz der Anfangsinvestition wirtschaftlich günstiger wird (Abb. 8.4).

Für Robotersysteme werden in der Regel Amortisationszeiten von zwei bis drei Jahren gefordert. Bei höheren Amortisationszeiten findet eine Investition in der Praxis sehr selten

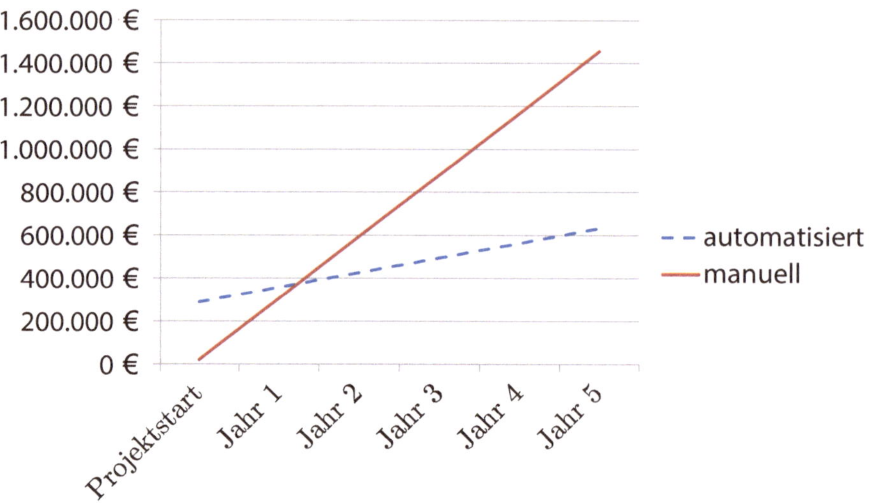

Abb. 8.4 Typischer Kostenverlauf für die Investition in eine Roboteranlage

Tab. 8.2 Nutzungsabhängige Betriebskosten einer Roboteranlage am Beispiel einer Handhabungszelle

Kostenart	Beschreibung	Einheitskosten	Kosten pro h (€)
Stromkosten Roboter	21 kW Leistung, 0,23 €/kWh Stromkosten	0,23 €/kWh	4,80
Kosten Druckluft	Nur für Greiferhub und Sperrluft	Vernachlässigt	0,00
Arbeitskosten	Personalstückkosten, eine Person mit 10 % zur Beschickung der Anlage	75 €	7,50
Summe Kosten pro h			12,30
Kosten pro Teil	180 Teile pro h		0,03

und in der Regel nur bei strategisch wichtigen Projekten statt. Hierdurch ergibt sich bei typischen Kosten für Roboteranlagen und typischen Einsparpotenzialen, dass Roboteranlagen im Einschichtbetrieb nur in wenigen Ausnahmefällen wirtschaftlich realisierbar sind. In der Regel ist der Einsatz von Robotern nur bei Fertigung im Zwei- oder Dreischichtbetrieb wirtschaftlich sinnvoll.

Die Betrachtung in Abb. 8.4 ist dabei rein statisch, d. h. ohne kalkulatorische Zinsen erstellt worden. Für eine genauere Betrachtung ist eine Abzinsung der Geldflüsse im Sinne

Tab. 8.3 Zeitabhängige Betriebskosten einer Roboteranlage am Beispiel einer Handhabungszelle

Kostenart	Beschreibung	Kosten pro h (€)
Raumkosten	Kundenangabe	5000
Wartungskosten	Fünf Prozent des Anlageninvests	14.435
Summe		19.435

Tab. 8.4 Kostenentwicklung von manueller und roboterbasierter Aufgabenausführung

	Automatisiert (€)	Manuell (€)	Differenz (€)
Investition	288.700	20.000	
Jährliche Grundkosten	19.435	7000	
Kosten pro h	12	70	
Betriebszeit in h p. a.	4000	4000	
Projektstart	288.700	20.000	−268.700
Jahr 1	357.335	307.000	−50.335
Jahr 2	425.970	594.000	168.030
Jahr 3	494.605	881.000	386.395
Jahr 4	563.240	1.168.000	604.760

einer dynamischen Betrachtung möglich. Alternativ ist in ähnlicher Form auch ein Vergleich verschiedener Investitionsvarianten möglich, z. B. von zwei alternativen Konzepten für Roboteranlagen.

8.5.2 Annahmen der Wirtschaftlichkeitsbetrachtung

Vorsicht ist bei der Annahme von Einsparungen manueller Arbeit in der Wirtschaftlichkeitsbetrachtung geboten. So genügt es nicht, die technisch realisierbare Reduktion manueller Arbeit durch die Roboteranlage in der Betrachtung zu berücksichtigen. Vielmehr ist zu hinterfragen, ob die durch den Robotereinsatz eingesparten Arbeitszeiten sinnvoll und wertschöpfend durch den Mitarbeiter genutzt werden können. So können z. B. kurze, durch den Roboter freigespielte Zeiten von wenigen Sekunden in der Regel vom Mitarbeiter nicht produktiv für andere Tätigkeiten genutzt werden. Die aus diesen Zeiten resultierenden Einsparungen sollten der Roboteranlage daher auch nicht in der Wirtschaftlichkeitsrechnung gut geschrieben werden. Vielmehr sind die durch die Roboteranlage resultierenden Zeiteinsparungen den in der eingesparten Zeit ausgeführten neuen Tätigkeiten der Produktionsmitarbeiter gegenüberzustellen und nur die Anteile der freigespielten Zeit sind in der Kosten- und Nutzenrechnung zu berücksichtigen, die auch tatsächlich produktiv genutzt werden können. Kann der Roboter dagegen mit ausreichend langen Produktionszyklen und Puffern ausgelastet werden, dann produziert das Robotersystem auch während der regelmäßigen Betriebsunterbrechungen und kommt so pro Schicht auf bis zu eine Stunde mehr Produktionszeit.

In der Nutzungsphase fallen neben dem normalen Regelbetrieb zudem auch die Reparatur und Wartung der Roboteranlage an. Typische Wartungstätigkeiten bei Robotern sind insbesondere die jährliche technische Durchsicht des Roboters, die Wartung des Roboterhandgelenks mit Öl- und Zahnriemenwechsel alle zwei Jahre bzw. 10.000 Betriebsstunden und die Wartung der Grundachsen des Roboters alle vier Jahre oder 20.000 Betriebsstunden. Zu typischen Kosten für Reparatur und Wartung von Roboteranlagen wurden wenige statistische Daten veröffentlicht. In der Regel bietet eine Annahme von jährlichen Kosten in Höhe von zwei bis fünf Prozent des Investitionsvolumens der Roboteranlage eine gute Abschätzung.

8.6 Rekonfiguration von Roboteranlagen

Heutige Roboteranlagen sind in der Regel auf ein spezifisches Produkt mit definierten Varianten ausgelegt. Eine spätere Rekonfiguration bzw. Umrüstung der Anlage auf veränderte oder neue Produkte ist oft nicht Gegenstand der Anlagenauslegung. Dementsprechend sind die Aufwände zur Umrüstung heutiger Roboteranlagen in der Regel sehr hoch. Die Umrüstung umfasst dabei insbesondere die Auslegung und den Bau neuer Werkzeuge und Peripheriekomponenten wie z. B. Greifer, Vorrichtungen und Prozesswerkzeuge. Neue Komponenten machen auch eine Anpassung der Roboterprogrammierung und zum Teil der Ablaufprogrammierung in der speicherprogrammierbaren Steuerung (SPS) erforderlich. Entsprechend sind auch Freigabeprozesse wie z. B. die Sicherheitsbewertung und die Qualitätsfreigabe neu zu durchlaufen. Der Aufwand zur Umrüstung von Anlagen kann daher aus Sicht der Planungs- und Entwicklungsaufwände ähnliche Größenordnungen erreichen wie der Neuaufbau einer Anlage. Aus dieser geringen Flexibilität und dem sich hierdurch ergebenden hohen Obsoleszenzrisiko folgen die heute für Robotersysteme üblichen kurzen Amortisationserwartungen von zwei bis drei Jahren.

Bei der Umrüstung liegen zum Teil wichtige Designinformationen, wie z. B. Konstruktionspläne und Programmcodes, nicht in les- und bearbeitbarer Form vor. Diese werden durch den Anlagenbauer häufig unzureichend dokumentiert oder gar verschlüsselt, um eine Abhängigkeit zu erzeugen. Dies erfordert zum Teil selbst bei kleineren Änderungen erhebliche Aufwände für die Nachentwicklung, z. B. wenn der Systemintegrator nicht mehr verfügbar ist. Der Endnutzer sollte daher genaue Vereinbarungen mit dem Systemintegrator bezüglich Form und Umfang der übergebenen Dokumentation treffen. Für das Bereitstellen der Informationen in editierbarer Form sind im Kostenplan zusätzliche Kosten einzuplanen.

8.7 Entsorgung von Roboteranlagen

Roboteranlagen werden nach ihrer Nutzungsdauer in der Regel vollständig entsorgt. Bei den meisten Roboteranlagen fallen hierfür keine besonderen Kosten an, z. B. zur Entsorgung von Gefahrstoffen. Durch die enge Integration der Komponenten können in der Regel keine signifikanten Erlöse durch den Verkauf gebrauchter Komponenten realisiert werden. Der Roboter selbst kann bei gutem Zustand verkauft werden. Die hierbei realisierbaren Preise liegen aber deutlich unter denen neuer Roboter. Die Kosten für die Entsorgung und die erlösbaren Beträge durch den Verkauf der Komponenten und den Schrottwert von eingesetztem Material halten sich dabei ungefähr die Waage. Die Anlagenentsorgung kann daher in der Kosten- und Nutzenbetrachtung in der Regel vernachlässigt werden.

Literatur

1. VDMA 34160-06 (2006) Forecasting model for lifecycle costs of machines and plants. Verband Deutscher Maschinen- und Anlagenbau e. V. (VDMA)
2. Bünting F (2018) VDMA Excel-Berechnung zur Prognose von Lebenszykluskosten nach VDMA 34160
3. Birkhofer R, Feldmeier G, Kalhoff J, Kleedörfer C, Leidner M, Mildenberger R, Mühlhause M, Niemann J, Schrieber R, Wickinger J, Winzenick M, Wollschlaeger M (2012) Life-cycle-management for automation products and systems: a guideline by the system aspects working group of the ZVEI automation division. The German Electric and Electronic Manufacturers' Association (ZVEI), Automation Division
4. Hägele M, Blümlein N, Kleine O (2011). Wirtschaftlichkeitsanalysen neuartiger Servicerobotikanwendungen und ihre Bedeutung für die Robotik-Entwicklung. Fraunhofer-Institute IPA und ISI im Auftrag des BMBF
5. Lauven L, Wiedenmann S, Geldermann J (2010) Lebenszykluskosten als Entscheidungshilfe beim Erwerb von Werkzeugmaschinen. Georg-August-Universität Göttingen, Göttingen

9 Sicherheit und Arbeitsschutz für Roboteranlagen

Zusammenfassung

Die Gewährleistung der Sicherheit aller mit der Roboteranlage arbeitenden Personen ist eine in der Maschinenrichtlinie geregelte, gesetzlich vorgeschriebene Grundvoraussetzung zum Betrieb. Basiswerkzeuge zur Analyse von Risiken und zum Treffen erforderlicher Maßnahmen sind dabei die Risikobeurteilung des Systemintegrators und die Gefährdungsbeurteilung des Anlagenbetreibers. Oftmals werden diese Maßnahmen als notwendiges Übel empfunden und erst gegen Ende der Entwicklungsphase durchgeführt. Dadurch können teure Nachbesserungsmaßnahmen notwendig werden, wenn in der Entwicklung Risiken übersehen wurden. Die frühzeitige Durchführung der Analysen kann das Risiko von Zusatzkosten verringern und häufig auch die Planungsqualität der Anlage verbessern. Die frühzeitige Einbeziehung benannter Stellen, wie z. B. der zuständigen Berufsgenossenschaft, ist sinnvoll und empfehlenswert.

9.1 Grundlegende Aspekte der funktionalen Sicherheit

Die Gewährleistung der funktionalen Sicherheit von Roboteranlagen ist eine gesetzliche Grundvoraussetzung für deren Nutzung in der Produktion. Die frühzeitige Beachtung von Sicherheitsaspekten verhindert spätere Probleme beim Inbetriebsetzen und Betreiben der Anlage. Der Prozess zur Gewährleistung der Sicherheit der Anlage ist stark interdisziplinär und bringt alle beteiligten Ansprechpartner zusammen. Dadurch hilft eine frühzeitige Sicherheitsbetrachtung auch häufig bei der Erkennung konzeptioneller Schwachstellen von Roboteranlagen außerhalb der Domäne der funktionalen Sicherheit. Damit hilft die Betrachtung der Sicherheit des Systems dabei, konzeptionelle Probleme von Roboteranlagen früh im Projektlebenszyklus zu finden und zu beseitigen.

A. Pott und T. Dietz, *Industrielle Robotersysteme*,
https://doi.org/10.1007/978-3-658-25345-5_9

Gemäß der Norm ISO 12100 wird die Sicherheit einer Maschine definiert als die „Fähigkeit einer Maschine ihre vorgesehenen Funktionen während ihrer Lebensdauer auszuführen, wobei das Risiko hinreichend verringert wurde" [1]. Laut dieser Definition stehen das Funktionieren der Maschine und damit die Erfüllung der operativen Anforderungen im Zentrum des Risikobeurteilungsprozesses. Die Betrachtung bedarf der Abgrenzung von Einsatzzweck, Nutzungsbedingungen und Nutzungsphasen der Maschine. Zentral für die Definition ist ferner das mit der Nutzung der Anlage und den durch sie entstehenden Gefährdungen in Verbindung stehende Risiko. Das technische Risiko ist durch zwei Dimensionen definiert. Das Schadensausmaß beschreibt die Schwere der Auswirkung eines gefährlichen Ereignisses, wie z. B. die Anzahl der betroffenen Personen und die potenzielle Schwere der Verletzungen. Die Eintrittswahrscheinlichkeit bezeichnet die Häufigkeit mit der das gefährliche Ereignis zu erwarten ist. Das Risiko ist dabei definiert als das Produkt aus Schadensausmaß und Eintrittswahrscheinlichkeit:

$$\text{Risiko} = \underbrace{\text{Schadensausmaß}}_{\substack{\text{Wie gravierend sind} \\ \text{die Konsequenzen?}}} \times \underbrace{\text{Eintrittswahrscheinlichkeit}}_{\text{Wie oft tritt der Schaden auf?}}$$

Diese Definition zeigt zudem die beiden möglichen Wege zur Risikoreduktion auf: Reduktion der Eintrittswahrscheinlichkeit und Reduktion des Schadensausmaßes. Dies bedeutet, dass auch Ereignisse mit hohem Schadensausmaß bei sehr geringer Wahrscheinlichkeit bzw. Ereignisse mit hoher Eintrittswahrscheinlichkeit aber sehr geringem Schadensausmaß mit einem geringen Risiko einhergehen und daher akzeptabel sein können. Ziel der Risikobeurteilung von Roboteranlagen ist es genau diese Abgrenzung zu treffen, nicht akzeptable Risiken zu identifizieren und durch entsprechende Maßnahmen zu reduzieren.

In Bezug auf funktionale Sicherheit von Roboteranlagen sind zwei Grundaspekte zu beachten. Zum einen muss während der Entwicklung von Roboteranlagen sichergestellt werden, dass diese nach Ende der Entwicklung bei der Übergabe an den Endnutzer den gesetzlichen Bestimmungen entsprechen und in Verkehr gebracht werden dürfen. Das Vorgehen hierbei orientiert sich an der Maschinenrichtlinie und mündet in der CE-Kennzeichnung der Anlagen durch den Inverkehrbringer. Kern hierbei ist die Erstellung einer Risikobeurteilung der Roboteranlage durch den Systemintegrator. Zum anderen hat der Betreiber der Anlage Pflichten, um den sicheren Betrieb der Roboteranlage zu gewährleisten. Zentral hierbei ist die Erstellung einer Gefährdungsbeurteilung durch den Betreiber. In den folgenden Abschnitten werden diese beiden Sichtweisen auf das Thema funktionale Sicherheit im Detail erläutert.

9.2 Sicherheitsaspekte bei der Anlagenentwicklung

Roboteranlagen sind Sondermaschinen, zu deren Realisierung Komponenten zu einer für die spezifische Anwendung maßgeschneiderten Maschine integriert werden. Während der Entwicklung und Integration des Robotersystems werden dabei zahlreiche Auslegungsentscheidungen getroffen, welche die Sicherheit der Roboteranlage beeinflussen. Insbesondere werden die Sicherheitsprinzipien der Roboteranlage festgelegt und die entsprechenden Schutzvorrichtungen ausgewählt, ausgelegt bzw. konfiguriert. Der Systemintegrator muss dabei zum Abschluss der Entwicklung und Integration bescheinigen, dass die Anlage den Sicherheitsanforderungen der Maschinenrichtlinie genügt und sicher betrieben werden kann. Im Folgenden werden die rechtlichen und normativen Rahmenbedingungen zur Gewährleistung der Sicherheit von Roboteranlagen sowie das Vorgehen zur Risikobeurteilung während der Anlagenrealisierung dargestellt.

9.2.1 Rechtliche Rahmenbedingungen

Die rechtliche Grundlage für das Inverkehrbringen von Maschinen innerhalb der Europäischen Union ist die *Maschinenrichtlinie* [2]. Die Maschinenrichtlinie beschreibt grundlegende Sicherheits- und Gesundheitsschutzanforderungen. Als Inverkehrbringen wird dabei das Bereitstellen der Maschine auf dem Markt bezeichnet. Hierbei ist irrelevant, ob dies entgeltlich oder zu Testzwecken erfolgt. Im Bereich von Roboteranlagen kann davon ausgegangen werden, dass eine Roboteranlage in Verkehr gebracht wird, sobald sie dem Endnutzer durch den Systemintegrator für den Produktionsbetrieb überlassen wird.

Die Maschinenrichtlinie wird durch das Produktsicherheitsgesetz (ProdSG) als Maschinenverordnung in deutsches Recht übersetzt und hat damit Gesetzescharakter. Sie schreibt vor, dass in der EU in Verkehr gebrachte Maschinen mit einer CE-Kennzeichnung zu versehen sind. Mit der CE-Kennzeichnung und der dazugehörigen Konformitätserklärung erklärt der Systemintegrator, dass die Maschine den Anforderungen der Maschinenrichtlinie entspricht, diese Konformität entsprechend den Vorgaben der Maschinenrichtlinie bewertet und die nach Maschinenrichtlinie erforderliche Dokumentation erstellt wurde. Bei der Erklärung der Konformität gilt die *Vermutungswirkung*. Diese besagt, dass der Systemintegrator von einer Konformität des Robotersystems mit der Maschinenrichtlinie ausgehen kann, wenn die Maschine in Erfüllung *harmonisierter Normen* realisiert wurde. Harmonisierte Normen sind dabei die im Amtsblatt der Europäischen Union veröffentlichten Normen. Ein Überblick über die wichtigsten harmonisierten Normen im Bereich der Robotik ist in Tab. 9.1 aufgeführt. Zentrale Anforderung für die Gewährleistung der Konformität einer Maschine ist die Durchführung einer *Risikobeurteilung* wie in den folgenden Abschnitten im Detail dargestellt.

Wichtig im Kontext der Realisierung von Roboteranlagen ist die bereits erwähnte Natur von Robotersystemen als Sondermaschinen. Der Roboter als Komponente erfüllt ohne

Tab. 9.1 Wichtige Sicherheitsnormen im Bereich der industriellen Robotik

Norm	Beschreibung	Typ
ISO 12100	Grundlegende Sicherheitsanforderungen und Vorgehen zur Erstellung von Risikoanalysen	Typ A
IEC 61508	Anforderungen an sicherheitsgerichtete elektrische, elektronische, programmierbare Steuerungen. Die Norm ist nicht harmonisiert, aber Stand der Technik	Typ A
ISO 13855	Definition von Sicherheitsabständen für nicht-trennende Schutzeinrichtungen, wie z. B. Laserscanner	Typ B
ISO 13857	Definition von Sicherheitsabständen für trennende Schutzeinrichtungen, wie z. B. Schutzzäunen	Typ B
ISO 13849	Anforderungen an sicherheitsgerichtete Steuerungen, Sensoren und Aktuatoren	Typ B
ISO 10218	Roboterspezifische Sicherheitsaspekte. Teil 1 behandelt den Roboter als Komponente. Teil 2 befasst sich mit dem Robotersystem als Maschine	Typ C

Werkzeuge, Programmierung und Peripherie keine definierte Funktion und ist damit aus Sicht der Maschinenrichtlinie keine Maschine, sondern eine *unvollständige Maschine*. Das vom Systemintegrator geschaffene Robotersystem fällt dagegen unter die Anforderungen einer Maschine und benötigt eine CE-Kennzeichnung mit zugehöriger Konformitätserklärung. Damit liegt die Verantwortung für die Gewährleistung der Sicherheit einer Roboteranlage primär nicht beim Roboterhersteller, sondern beim Systemintegrator.

9.2.2 Normative Rahmenbedingungen

Im Bereich der Sicherheitsnormung werden drei verschiedene Grundtypen von Normen unterschieden:

- *Typ A*-Normen definieren Grundbegriffe und generelle Leitsätze zur Gewährleistung der Maschinensicherheit. Diese Normen sind für alle Maschinen gültig und anzuwenden.
- Normen des *Typs B* definieren entweder Anforderungen für spezifische Sicherheitsaspekte (Typ B1), wie z.B. notwendige Sicherheitsabstände, oder für eine bestimmte Klasse von Schutzeinrichtungen (Typ B2). Normen dieses Typs sind anwendbar für eine Reihe von Maschinen.
- *Typ C*-Normen definieren detaillierte Sicherheitsanforderungen für bestimmte Maschinen oder Maschinengruppen. Die Sicherheitsnormen der Normenfamilie ISO 10218 im Bereich Robotik gehören zu den Typ C-Normen.

Tab. 9.1 gibt einen Überblick über die wichtigsten, für die Robotik relevanten Sicherheitsnormen. Wichtig im Kontext der Robotik ist dabei insbesondere die Normenfamilie ISO 10218, die Sicherheitsanforderungen für Roboter und Robotersysteme definiert. Teil 1 dieser Norm regelt dabei Sicherheitsaspekte für den Roboter als Kernkomponente von Roboteranlagen. Dieser Teil enthält Anforderungen an Roboter als unvollständige Maschinen, die durch den Roboterhersteller einzuhalten sind. Teil 2 dieser Norm regelt Sicherheitsaspekte für Robotersysteme. Beide Normen sind unter dem Dach der Maschinenrichtlinie harmonisiert und stellen den Stand der Technik in der Robotersicherheit dar. Insbesondere fordert diese Norm, dass Schutzeinrichtungen für Robotersysteme in der Regel die Sicherheitsintegrität Performance Level PL d mit redundanter Hardwarestruktur aufweisen sollen, sofern eine Risikobeurteilung kein abweichendes Ergebnis liefert. Beim Performance Level handelt es sich um eine Metrik für die Ausfallsicherheit der eingesetzten Steuerungsgeräte. Heute sind Schutzeinrichtungen nach PL d für praktisch alle Roboteranwendungen üblich. Zusätzlich zu den beiden Teilen der Norm ISO 10218 wurde eine technische Spezifikation TS 15066 erstellt, die weitere Hinweise zur Risikobeurteilung von Roboteranlagen enthält, insbesondere für den Fall der Mensch-Roboter-Kollaboration. Diese technische Spezifikation wird voraussichtlich in zukünftige Revisionen der Norm einfließen.

9.2.3 Vorgehen bei der Risikobeurteilung

Die Risikobeurteilung ist der zentrale Prozess zum Nachweis der Erfüllung der gesetzlichen Anforderungen der Maschinenrichtlinie. Die Risikobeurteilung umfasst dabei nach ISO 12100 die Schritte der Definition der Systemgrenzen, der Identifikation von Gefährdungen, der Bewertung der Gefährdungen und gegebenenfalls entsprechende Maßnahmen zur Risikominderung (Abb. 9.1). Der Prozess wird iterativ durchlaufen bis die Beurteilung zum Ergebnis kommt, dass die verbleibenden Risiken akzeptabel sind. Wichtig in diesem Kontext ist, dass die Risikobeurteilung stets auf Basis eines konkreten Entwurfsstandes der Roboteranlage durchgeführt wird. Der Prozess zur Risikobeurteilung sollte dabei als integraler Bestandteil des Entwicklungsprozesses von Roboteranlagen gesehen werden. Häufig wird jedoch der Fehler begangen, dass die Sicherheit erst gegen Ende des Projekts betrachtet wird. Zu diesem Zeitpunkt sind Änderungen aufgrund neu identifizierter Risiken meist zeit- und kostenaufwendig. Eine integrale Betrachtung bereits in frühen Phasen der Entwicklung führt erfahrungsgemäß zu besseren Ergebnissen, da im Rahmen des Risikobewertungsprozesses auch weitere Schwachstellen der Anlage identifiziert werden. Dem Risikobewertungsprozess kommt in diesem Kontext geradezu die Rolle eines regelmäßigen Designreviews des Konstruktionsstandes der Roboteranlage zu. Dabei empfiehlt es sich, in frühen Phasen einen eher informellen Risikobewertungsprozess zu etablieren, der dann gegen Ende des Projekts formalisiert wird. So reicht es zu Beginn der Entwicklung häufig aus, Risiken formlos zu beschreiben und während des Projekts zu einer detaillierten Beschreibung und Bewertung der Risiken zu wechseln.

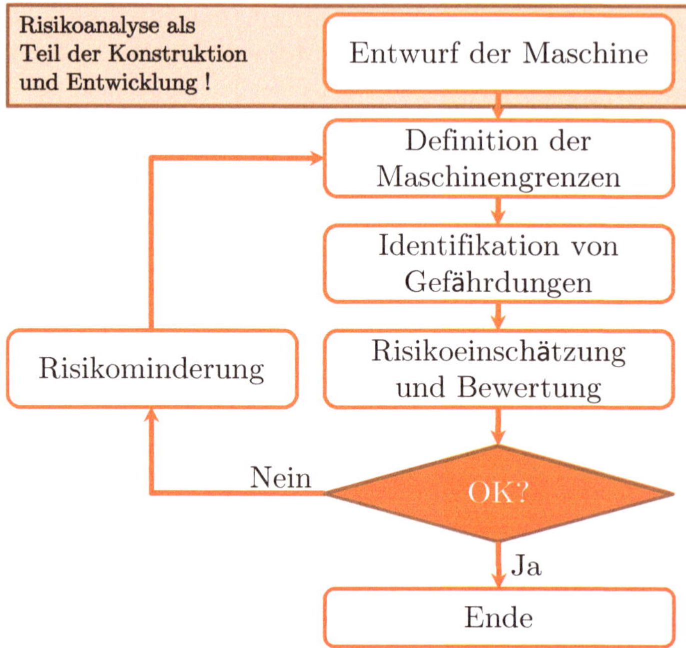

Abb. 9.1 Prozess zur Durchführung einer Risikobeurteilung nach ISO 12100

Wichtig ist, dass bei der Risikobeurteilung alle Lebenszyklusphasen betrachtet werden. So reicht es nicht aus, lediglich die Sicherheit im Produktionsbetrieb zu beurteilen. Auch die Wartung der Anlage und die Arbeiten bei Installation und Integration müssen zwingend betrachtet und gegebenenfalls Maßnahmen zur Verringerung der Risiken auch im Hinblick auf diese Phasen getroffen werden.

9.2.3.1 Definition der Maschinengrenzen

Den ersten Schritt der Risikobeurteilung bildet die Definition der Maschinengrenzen. Der Begriff der Maschinengrenzen bezieht sich nicht allein auf die räumlichen Grenzen der Maschine, sondern insbesondere auch auf deren Verwendungsgrenzen, die Festlegung der in der Risikobeurteilung zu betrachtenden Lebenszyklusphasen und die Definition der zulässigen Einsatzbedingungen der Maschine. Konkret sind für Robotersysteme folgende Aspekte zu definieren:

- In Bezug auf die *Verwendungsgrenzen* ist festzulegen, welche Prozesse mit der Anlage ausgeführt werden und welche Bauteile bearbeitet werden. Darüber hinaus ist zu dokumentieren, wer Arbeiten mit oder an der Anlage ausführt und welche Qualifikationen diese Personen haben. Weitere potenziell gefährdete Personen, wie z. B. Beschäftigte in der Nähe der Anlage, sind zu dokumentieren.

- Die *räumlichen Grenzen* beinhalten den Bewegungsraum des Roboters und weiterer Komponenten, wie z. B. der Fördertechnik, in dem es potenziell zu Gefährdungen kommen kann. Darüber hinaus sind Bedienstellen und Stellen zur Materialbereitstellung zu definieren und dokumentieren.
- Die Festlegung der Maschinengrenzen beinhaltet auch die Definition und Beschreibung der *Lebenszyklusphasen* der Maschine. Zu betrachten sind in der Regel mindestens Integration beim Systemintegrator, Transport, Installation und Inbetriebnahme beim Endnutzer, Produktionsbetrieb, Reparatur und Wartung sowie Abbau der Anlage. Darüber hinaus sind Wartungsintervalle und die geplante Einsatzdauer der Roboteranlage zu beschreiben.
- Die *Umgebungs- und Einsatzbedingungen* umfassen die Umweltbedingungen, für welche die Maschine ausgelegt ist und unter denen sie später sicher betrieben werden kann. Dazu gehören Informationen, ob die Maschine im Innen- oder Außenbereich betrieben wird, welche Einsatztemperaturen zulässig sind und für welche Bedingungen hinsichtlich Korrosion die Maschine ausgelegt wird.

Aus der Definition der Maschinengrenzen werden bei der Erstellung der Bedienungsanleitung die Informationen zum bestimmungsgemäßen Gebrauch der Maschine abgeleitet. Die Maschinengrenzen bilden damit gewissermaßen den Rahmen, innerhalb dessen die Risikobeurteilung durchgeführt wird und unter dem die getroffenen Sicherheitsmaßnahmen wirksam sind.

Bei Roboteranlagen ist bei der Festlegung der Maschinengrenzen sorgfältig vorzugehen, da die Eigenschaft von Roboteranlagen als Sondermaschinen häufig zu Fehlannahmen führen kann. Wichtige Punkte für die Definition der Maschinengrenzen werden nachfolgend beschrieben. Besonders wichtig ist es zu beachten, dass der Schutzzaun der Roboteranlage nicht die sicherheitstechnische Grenze zur Risikobeurteilung ist. Typische Industrieroboter können herkömmliche Schutzzäune aufgrund ihrer Kraft und Masse in der Regel ohne Weiteres durchdringen und damit auch in Bereichen außerhalb der Schutzzaunumrandung Gefährdungen verursachen. Darüber hinaus können durch die Möglichkeit des Herausschleuderns von Teilen außerhalb des mit Schutzzäunen umrandeten Gebiets Gefährdungen entstehen, die in der Risikobeurteilung mit betrachtet werden müssen. Einlege- und Entnahmestationen für Werkstücke sind besonders zu betrachten, da hier der Arbeitsraum des Roboters mit dem des Bedieners verschmilzt. Einlege- und Entnahmestationen stellen darüber hinaus unter Umständen Einstiegsmöglichkeiten in die Anlage dar. Wichtig bei der Definition der Grenzen ist die Abgrenzung verschiedener Qualifikationsprofile von Personen, die Umgang mit der Anlage haben. Dies gilt insbesondere für die Abgrenzung zwischen Bediener und Roboterprogrammierer bzw. Instandhalter. Die Bestimmung der Verwendungsgrenzen ist oft aufgrund der definitionsgemäß hohen Universalität von Robotern problematisch und erfordert daher große Sorgfalt. So müssen hier alle potenziell mit der Roboteranlage bearbeiteten Bauteile mit eingeschlossen werden. Gerade in mittelständisch geprägten Produktionen werden Roboter aufgrund der kleinen Stückzahlen und Losgrößen viele Male neu programmiert. Typische Beurteilungen der Roboterprogrammierung gehen jedoch davon aus, dass die Roboterprogrammierung relativ selten im Rahmen der Inbetriebnahme oder in Ausnahmefällen zum Nachteachen der Anlage erfolgt. Sofern die Programmierung des Roboters sehr häufig erfolgt, sollte sie als eine Tätigkeit im Regelbetrieb des Roboters betrachtet werden.

9.2.3.2 Identifikation von Gefährdungen

Nachdem die Grenzen der Maschine definiert wurden, kann nun die Identifikation der relevanten Gefährdungen innerhalb dieser Grenzen erfolgen. Die Gefährdungen sind für alle Lebenszyklusphasen und alle in diesen Lebenszyklusphasen ausgeführten Tätigkeiten zu identifizieren und zu dokumentieren. Hierbei sind sowohl der Normalbetrieb als auch vorhersehbares Versagen der Anlage zu betrachten. Darüber hinaus sind vorhersehbare Fehlanwendungen der Anlage mit einzubeziehen. Typischerweise werden die relevanten Gefährdungen, Gefährdungssituationen und Gefährdungsereignisse für jede Tätigkeit in jeder Lebenszyklusphase dokumentiert. Hierzu bietet es sich an, aus den Maschinengrenzen eine Tabelle für jede Lebenszyklusphase ähnlich zu Tab. 9.2 abzuleiten und diese anhand von Katalogen mit möglichen Gefährdungen zu befüllen.

Im Bereich der Robotik bietet die Norm ISO 10218 in Teil 1 und Teil 2 im Anhang A eine Tabelle typischer Gefährdungen durch Roboteranlagen. Diese stellt eine gute Grundlage für die Identifikation von Gefährdungen dar. Für die jeweilige Roboteranlage ist immer zu prüfen, ob durch Peripherie oder Prozesstechnik zusätzliche Gefährdungen entstehen. Neben der Anwendung der Tabellen sollte die Gefährdungsidentifikation in einem Gremium mit Teilnehmern aus allen relevanten Unternehmensbereichen vertieft werden. Hierzu zählen insbesondere das Personal der Mechanik- und Elektrokonstruktion, der Betreiber, die Bediener und Arbeitsschutzfachkräfte.

Bei Roboteranlagen ist stets die gesamte Anlage und nicht nur der Roboter als Kernkomponente zu betrachten. Hierzu zählen insbesondere auch die Werkzeuge des Roboters, Werkstücke, Peripheriekomponenten und ausgeführte Prozesse. Je nach Ausgestaltung der Roboteranlage sind hierbei neben ISO 10218 weitere Sicherheitsnormen, wie z. B. für Laserschutz oder Schweißgeräte, mit hinzuzuziehen. Wie bereits im vorherigen Abschnitt erwähnt, stellt der Schutzzaun der Anlage nicht deren Maschinengrenze dar. Daher sind insbesondere auch Gefährdungen außerhalb des Schutzbereichs mit zu betrachten. Typische Beispiele sind das Verlassen des Arbeitsraums durch den Roboter oder das Herausschleudern von Teilen. Häufig werden Gefährdungen durch in der Anlage gespeicherte Energie übersehen. Typische Fälle sind das Nachlaufen rotierender Werkzeuge oder nach Unterbrechung der Energiezufuhr das Herabfallen von Teilen, die durch den Roboter gehandhabt werden. Gerade während der Inbetriebnahme halten sich zur Prozessüberwachung Personen im Gefahrenbereich der Anlage auf, während diese betrieben wird. Dieser Fall muss in der Risikoanalyse mit betrachtet werden. Die Unfallstatistik zeigt, dass Unfälle vor allem während der Inbetriebnahme und Wartung passieren, da hier der technische Zustand der Anlage permanenten Änderungen unterworfen ist. Zusätzlich sind Gefährdungen durch Änderungen

Tab. 9.2 Beispielhafte Gefährdungen im Betrieb der Anlage

ID	Aufgabe	Gefährdung	Gefährdungssituation	Gefährdungsereignis	S	F	O	P	RI
B1	Bedienung der Anlage	Stoß mit Roboter	Prozessüberwachung durch Bediener	Unvorhergesehene Roboterbewegung führt zu Verlassen des abgegrenzten Bereichs und Kollision mit Arbeiter nach Umwerfen des Zauns	S1	F2	O1	P2	4
B2	Bereitstellung von Material	Stoß mit Roboter	Materialtransport auf Verkehrsweg neben Anlage	Unvorhergesehene Roboterbewegung führt zu Verlassen des abgegrenzten Bereichs und Kollision mit Arbeiter nach Umwerfen des Zauns	S1	F1	O1	P2	2
B3	Bedienung der Anlage	Stoß, Schneiden mit herausgeschleuderten Teilen	Prozessüberwachung durch Bediener	Versagen des Greifers (z. B. der Energieversorgung) und Verlieren des Objektes bei hoher Geschwindigkeit	S1	F2	O1	P2	4
B4	Bereitstellung von Material	Stoß, Schneiden mit herausgeschleuderten Teilen	Materialtransport auf Verkehrsweg neben Anlage	Versagen des Greifers (z. B. der Energieversorgung) und Verlieren des Objektes bei hoher Geschwindigkeit	S1	F1	O1	P2	2

an der Anlage, insbesondere durch Umprogrammierung der Roboterbewegung, durch hierfür unbefugte Bediener mit aufzuführen. Roboteranlagen bieten durch ihre relativ hohe Universalität zum Teil die Möglichkeit eines Betriebs mit dafür nicht vorhergesehenen Teilen. Dieser Fall und die hieraus resultierenden Risiken sind als vorhersehbare Fehlanwendung mit zu betrachten.

9.2.3.3 Bewertung von Gefährdungen

Als letzter Schritt der Risikobeurteilung werden die im vorangegangenen Schritt identifizierten Gefährdungen bezüglich des durch sie verursachten Risikos bewertet. Auf dieser Basis können später notwendige Maßnahmen zur Risikominderung definiert werden. Hierzu sind die beiden am häufigsten angewendeten Methoden die Nutzung einer Risikomatrix und die Nutzung eines Risikographen. Beide Verfahren erlauben eine Quantifizierung und Bewertung des mit den gefundenen Gefährdungen in Verbindung stehenden Risikos. Beide Verfahren führen nicht zu vollständig objektiven, quantitativen Ergebnissen. Bei der Einschätzung der Gefährdungen werden stets Einschätzungen auf Basis eines subjektiven Verständnisses der Gesamtsituation mit einfließen. Dennoch liefern diese Hilfsmittel ein Rahmenwerk zur zielgerichteten Diskussion und Bewertung von Risiken im Kreis aller relevanten Akteure (Konstrukteure, Projektleiter, Nutzer, Bediener etc.). Entscheidend bei der Nutzung von Risikomatrix und Risikograph ist daher nicht das Abarbeiten von Checklisten, sondern die konstruktive Auseinandersetzung mit den sich durch die Anlage ergebenden Risiken.

Abb. 9.2 zeigt eine Risikomatrix nach IEC 61508. In der Risikomatrix werden die beiden bereits eingeführten Risikodimensionen Eintrittswahrscheinlichkeit und Schadensausmaß oder Schwere der Auswirkung getrennt bewertet. Gemäß diesen beiden Kriterien ergibt sich aus der Risikomatrix eine Risikokategorie und eine Einschätzung, ob das entsprechende Risiko akzeptabel ist oder Maßnahmen zur Risikominderung notwendig sind. Verschiedene Varianten der Risikomatrix unterscheiden sich insbesondere hinsichtlich der Definition und Auflösung der Skalen für Schwere und Eintrittswahrscheinlichkeit, führen aber zu ähnlichen Aussagen.

		Auswirkung			
		katastrophal	kritisch	begrenzt	geringfügig
Wahrscheinlichkeit	häufig	I	I	I	II
	wahrscheinlich	I	I	II	III
	gelegentlich	I	II	III	III
	gering	II	III	III	IV
	unwahrscheinlich	III	III	IV	IV
	nicht glaubhaft	IV	IV	IV	IV

Legende für Risiko: I: inakzeptabel, II: hoch, III: mittel, IV: akzeptabel

Abb. 9.2 Beispiel einer Risikomatrix nach IEC 61508

Abb. 9.3 zeigt das Beispiel eines Risikographen nach ISO 14121-2. Der Risikograph ermöglicht im Vergleich zur Risikomatrix eine differenziertere Bewertung, da hier mehr als zwei Faktoren bewertet werden können. Üblicherweise sind dies die Verletzungsschwere (S1, S2), die Expositionshäufigkeit (F1, F2), die Eintrittswahrscheinlichkeit (O1, O2, O3) und Möglichkeit zur Vermeidung (P1, P2). Die im Vergleich zur Risikomatrix neue Dimension der *Exposition* beschreibt, wie wahrscheinlich der Aufenthalt einer Person im Gefahrenbereich beim Eintritt eines gefahrbringenden Ereignisses ist. Bei dieser Bewertung spielt insbesondere eine Rolle, ob es sich beim Gefahrenbereich um einen permanenten Aufenthaltsort handelt, wie z. B. eine Bedienstelle oder einen Arbeitsplatz, oder lediglich um einen Verkehrsweg. Die Möglichkeit zur Vermeidung bewertet, wie wahrscheinlich es ist, dass die gefährdete Person die Gefährdung beim Eintritt erkennen und rechtzeitig abwehren kann. Dies könnte z. B. durch rechtzeitige Flucht aus dem Gefahrenbereich bei sich deutlich ankündigenden, langsam eintretenden Gefährdungen möglich sein. Gemäß der Einschätzung der vier Faktoren des Risikographen wird bei der Anwendung den verschiedenen Ästen des Graphen gefolgt. Das Ergebnis ist wie bei der Risikomatrix eine Risikoquantifizierung mit einer Einschätzung, ob dieses Risiko tragbar ist oder ob eine Risikominderung notwendig ist. Nach ISO 14121-2 liegt in der Regel sowohl bei der Risikomatrix als auch beim Risikographen die finale Risikoentscheidung beim Anwender, da die Bewertung der Risiken situations-, kultur- und zeitabhängig ist [3].

Bei Robotersystemen ist zu beachten, dass eine Kollision mit herkömmlichen Industrierobotern zu schweren und potenziell tödlichen Verletzungen führen kann. Daher ist die Verletzungsschwere hier auf jeden Fall mit hoch (S2) zu bewerten. Bei Kollisionen

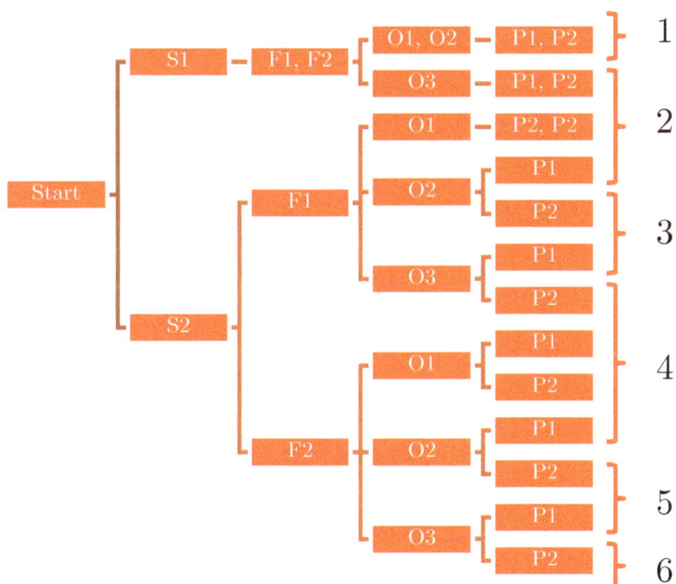

Abb. 9.3 Beispiel eines Risikographen nach ISO 14121-2

außerhalb des umzäunten Bereichs des Robotersystems wird die Exposition abhängig von der Nutzung der fraglichen Fläche betrachtet. Bei Bedienplätzen des Roboters ist in jedem Fall von einer hohen Exposition des Bedieners (F2) auszugehen. Bei Verkehrswegen kann häufig eine niedrige Exposition (F1) angenommen werden, sofern die Verkehrswege hauptsächlich zur gelegentlichen Materialversorgung genutzt werden. Bezüglich der Vermeidbarkeit von Gefährdungen werden die Geschwindigkeit und Beschleunigungsfähigkeit von Robotern meist unterschätzt und die Möglichkeit einer Gefährdungsvermeidung durch Ausweichen eher überschätzt. In der Regel kann nicht davon ausgegangen werden, dass eine Person dem Roboter ausweichen kann, sofern dieser sich unerwartet oder unkontrolliert bewegt. Die Vermeidungsfähigkeit ist daher als gering (P2) einzuschätzen.

9.2.3.4 Maßnahmen zur Risikominderung bei Roboteranlagen

Bei der Risikominderung schreibt ISO 12100 vor, Maßnahmen in der im Folgenden beschriebenen Reihenfolge zu priorisieren. Zunächst müssen alle möglichen Maßnahmen zur inhärent sicheren Konstruktion ergriffen werden. Inhärent sichere Konstruktion bedeutet, dass Gefährdungen durch die Art der Konstruktion der Roboteranlage beseitigt bzw. ausgeschlossen werden. Eine Umgehung dieser Maßnahmen ist folglich nicht möglich. Sofern eine inhärent sichere Konstruktion, wie bei Roboteranlagen häufig der Fall, nicht möglich ist, können als zweite Priorität technische Schutzmaßnahmen ergriffen werden. Hierzu zählen insbesondere der Einsatz von Schutzzäunen und nicht-trennenden Schutzeinrichtungen. Bei technischen Schutzmaßnahmen ist stets die Umgehbarkeit der Maßnahmen mit in Betracht zu ziehen. So dürfen technische Schutzeinrichtungen nicht einfach deaktivierbar oder änderbar sein. Als letzte Ebene der Risikominderung sind die Information der Nutzer und die Festlegung entsprechender Arbeitsprozesse (organisatorische Schutzmaßnahmen) möglich, sofern auch technische Schutzmaßnahmen zur Gefährdungsbeherrschung nicht möglich sind. Diese Festlegung organisatorischer Maßnahmen stellt nur das letzte mögliche Mittel zur Risikominderung dar, wenn alle technischen Maßnahmen bereits ausgeschöpft wurden.

Im Bereich der Robotik sind insbesondere technische Schutzmaßnahmen weit verbreitet, da die durch Roboter ausgeführten Prozesse und hierbei herrschenden Kräfte und auftretenden Gefährdungen oftmals keine inhärent sichere Konstruktion erlauben. Häufig werden in der Robotik Schutzzäune mit hoher Rückhaltefunktion gegen das Herausschleudern von Teilen eingesetzt. Der Arbeitsraum wird in der Regel durch mechanische Endanschläge oder sicherheitsgerichtete Steuerungsfunktionen begrenzt. Hierdurch kann verhindert werden, dass der Roboter den Schutzbereich verlassen kann. Die Nutzung sicherheitsgerichteter Steuerungsfunktionen hat sich dabei als flexibler und verlässlicher im Vergleich zu mechanischen Anschlägen erwiesen und ist in der Praxis zu empfehlen. Die hierfür erforderliche sicherheitsgerichtete Steuerung wird mittlerweile von fast allen Roboterherstellern angeboten und hat auch bei der sicherheitstechnischen Integration der Anlage enorme Vorteile. Gegebenenfalls ist der Einsatz einer Türzuhaltung bei Schutzzauntüren notwendig. Dies ist beispielsweise bei nachlaufenden Werkzeugen oder unvollständig gefügten

Werkstücken sinnvoll, da die abrupte Unterbrechung des Prozesses anhaltende oder neue Gefährdungen birgt. An Einlegeplätzen haben sich nicht-trennende, optische Schutzeinrichtungen wie z. B. Laserscanner oder Lichtgitter bewährt.

9.2.4 Konformitätserklärung und notwendige Dokumentation

Artikel 12 der Maschinenrichtlinie beschreibt die anwendbaren Vorgehensweisen zur Bewertung der Konformität. Hierbei wird zwischen einfacher Konformitätsbewertung, Baumusterprüfung und umfassender Qualitätssicherung unterschieden. Solange bei der Realisierung des Robotersystems im Bereich der Anlagensicherheit auf kommerziell erhältliche Komponenten, wie z. B. Sicherheitssteuerungen und Sensoren, zurückgegriffen wird, ist eine einfache Konformitätsbewertung zum Inverkehrbringen von Roboteranlagen ausreichend. Hierbei erstellt der Systemintegrator eine Risikobeurteilung und bewertet die Erfüllung der Anforderungen der Maschinenrichtlinie intern im eigenen Unternehmen. Die Durchführung und Dokumentation der Konformitätsbewertung erfordert ein sorgfältiges Vorgehen, setzt allerdings keine regularisch erfasste Qualifikation oder Prüfung durch benannte Stellen voraus. Nur wenn Geräte nach Anhang IV der Maschinenrichtlinie entwickelt werden, sind die wesentlich komplexere Baumusterprüfung bzw. umfassende Qualitätssicherung erforderlich. Hierbei ist auch die Einbeziehung externer Instanzen zur Überprüfung erforderlich.

Die im Rahmen des Konformitätsbewertungsverfahrens zu erstellende technische Dokumentation ist im Anhang VII der Maschinenrichtlinie aufgeführt. Die technische Dokumentation der Maschine umfasst dabei insbesondere eine allgemeine Beschreibung der Maschine, eine Nennung der angewendeten Richtlinien bzw. Normen, Zeichnungen, Berechnungen und Prüfberichte. Zur technischen Dokumentation gehört auch die hier beschriebene Risikobeurteilung der Maschine und deren Konformitätserklärung. Die beschriebenen Unterlagen müssen dem Nutzer der Anlage nicht vollständig übergeben werden, sondern sind zur Einsichtnahme durch die Behörden vorzuhalten. Darüber hinaus ist für das Robotersystem eine Betriebsanleitung gemäß der in der Maschinenrichtlinie enthaltenen Gliederung zu erstellen und mit der Maschine auszuliefern.

9.2.5 Beispielbetrachtung

Einige der oben angeführten Aspekte der Risikobeurteilung von Roboteranlagen werden nachfolgend in einem Beispiel vertieft. Die Risikobeurteilung für das Beispiel wird dabei nicht vollständig, sondern nur zur Illustration wichtiger Aspekte ausgeführt. Abb. 9.4 zeigt das für das Beispiel betrachtete zweidimensionale Layout. Die betrachtete Anlage dient zur Vereinzelung von Bauteilen aus einer Materialkiste in eine Maschine. Bei Betrachtung des Layouts fällt auf, dass der durch den Roboter erreichbare Raum deutlich über den durch den

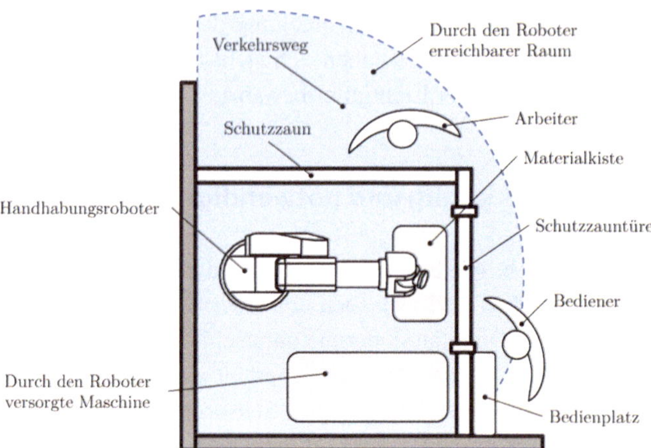

Abb. 9.4 Beispiellayout für Risikoanalyse

Schutzzaun begrenzten Bereich hinausgeht. Die Teile haben ein Gewicht von bis zu 15 kg und werden potenziell mit hoher Geschwindigkeit gehandhabt.

Die Grenzen der Maschine müssen im vorliegenden Fall über den Schutzzaun der Anlage ausgedehnt werden, da durch den Roboter Gefährdungen außerhalb des umzäunten Bereichs bestehen. Im vorliegenden Fall haben nur unterwiesene Personen Zutritt zur Betriebsstätte, die sich in einem Innenraum befindet. Betrachtet werden müssen alle Lebenszyklusphasen inklusive Integration, Transport, Aufbau und Inbetriebnahme, Produktionsbetrieb, Reparatur, Wartung und Entsorgung der Anlage. Die folgenden Betrachtungen werden am Beispiel der Betriebsphase ausgeführt. Die anderen Phasen können analog bewertet werden.

Tab. 9.2 listet vier beispielhafte Gefährdungen durch die Roboteranlage auf. Die Gefährdung B1 betrifft eine Kollision des Bedieners mit dem Roboter durch einen Austritt des Roboters aus dem umzäunten Bereich, z. B. aufgrund einer fehlerhaften Zielpunktvorgabe durch einen externen Sensor. Gefährdung B2 beschreibt das analoge Ereignis, jedoch für die Gefährdung auf einem an die Umzäunung angrenzenden Verkehrsweg. Gefährdung B3 ist eine Gefährdung des Bedieners durch das Herausschleudern von Teilen, z. B. aufgrund eines Druckverlusts im Greifer. Gefährdung B4 ist die entsprechende Gefährdung auf dem Verkehrsweg. Die Gefährdungen wurden dabei auf Basis des Anhangs A der ISO 10218 identifiziert.

Unter Nutzung des Risikographen kann nun für diese Gefährdungen eine Beurteilung durchgeführt werden. Abb. 9.5 zeigt die Anwendung des Risikographen für Gefährdung B1 beispielhaft. Aufgrund der potenziell sehr hohen Verletzungsschwere wird im Risikograph der Ast S2 gewählt. Da die Gefährdung an einem Bedienplatz der Anlage auftritt, ist mit einem permanenten Aufenthalt im Gefahrenbereich und damit einer hohen Exposition zu rechnen und daher der Ast F2 für die Gefährdungsexposition zu wählen. Dank der Zuverlässigkeit der eingesetzten Hardware und Absicherungen in der Software kann jedoch von

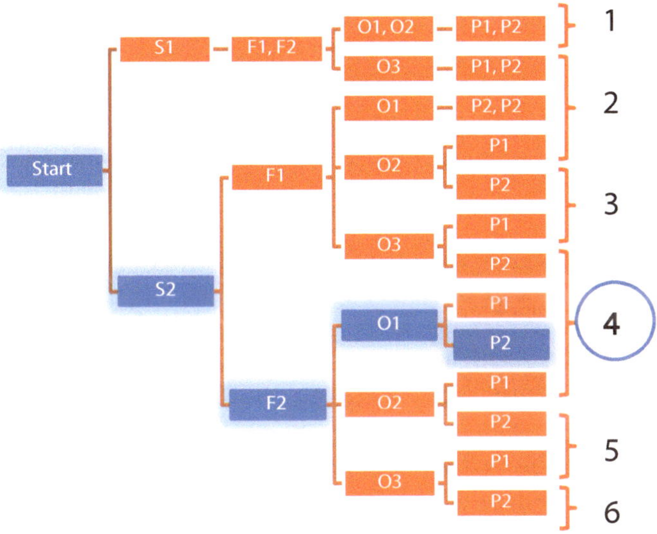

Abb. 9.5 Bewertung von Gefährdung B1 auf Basis des Risikographen

einem unwahrscheinlichen Ereignis ausgegangen werden. Folglich wird die Eintrittswahrscheinlichkeit mit O1 bewertet. Aufgrund der hohen Bewegungsgeschwindigkeit des Roboters kann nicht davon ausgegangen werden, dass der Bediener der Gefahr ausweichen kann. Daher wird die Vermeidbarkeit als P2 bewertet. Hieraus resultiert eine Risikoeinschätzung von 4. Die Einschätzung der übrigen betrachteten Risiken ist in Tab. 9.2 aufgeführt.

Aus der Analyse wird die Schlussfolgerung abgeleitet, dass der Bediener gegen unvorhergesehene Roboterbewegungen und Herausschleudern von Teilen zu schützen ist. Eine Möglichkeit ist die Verlegung des Bedienplatzes an einen Ort außerhalb des Gefahrenbereichs. Da dies jedoch den Einblick in die Anlage erschweren würde, wird diese Lösung verworfen. Folglich wird die Bewegung des Roboters durch den Einsatz einer sicherheitsgerichteten Robotersteuerung so begrenzt, dass der Roboter in jedem Fall vor einem Durchfahren des Schutzzauns gestoppt wird. Der Schutzzaun wird mit hoher Rückhaltewirkung projektiert, um eine ausreichende Abschirmwirkung gegen das Herausschleudern von Teilen zu erreichen.

9.3 Sicherheitsaspekte beim Anlagenbetrieb

Neben dem bereits ausgeführten Aspekt einer sicheren Gestaltung von Roboteranlagen muss bei deren Betrieb durch Prozesse die Sicherheit der mit der Anlage in Kontakt kommenden Personen gewährleistet werden. Die Vorschriften hierzu sind in der Betriebssicherheitsverordnung (BetrSichV) festgehalten. Sie regelt im nationalen Arbeitsschutzrecht die

Vorschriften zum Schutz der Beschäftigten bei der Verwendung von Arbeitsmitteln. Verantwortlich für die Gewährleistung sicherer und gesundheitsgerichteter Arbeitsbedingungen und die hierzu dienenden Arbeitsmittel ist der Unternehmer des die Roboteranlage nutzenden Unternehmens selbst. Dieser delegiert die Verantwortung meist in seine Organisation und prüft die Umsetzung entsprechender Maßnahmen. Zentraler Punkt zur Erfüllung der Anforderungen der Betriebssicherheitsverordnung ist die Durchführung einer Gefährdungsbeurteilung. Die Gefährdungsbeurteilung ist daher das Gegenstück zur bei der Anlagenauslegung durchgeführten Risikobewertung, jedoch für den Betrieb der Anlage beim Endnutzer. Ziel der Gefährdungsbeurteilung ist die Feststellung aller betrieblichen Risiken der Maschine.

Die Anforderungen der Betriebssicherheitsverordnung werden durch technische Regeln der Betriebssicherheit (TRBS) und berufsgenossenschaftliche Vorschriften (BGV/DGUV-V) konkretisiert bzw. detailliert. Zusätzliche BG-Informationen und Regeln (BGR/BGI bzw. DGUV-R/DGUV-I) geben darüber hinaus Hilfestellung in der Umsetzung der Anforderungen. Besonders zu erwähnen ist hierbei „DGUV Information 209-074: Industrieroboter“ [4], die Informationen zum sicheren Einsatz von Industrierobotern enthält.

9.3.1 Gefährdungsbeurteilung

Im Rahmen der Gefährdungsbeurteilung wird geprüft, ob das eingesetzte Robotersystem für den vorhergesehenen Einsatz geeignet ist. Dabei werden insbesondere die Informationen zum bestimmungsgemäßen Einsatz der Maschine aus der Dokumentation des Robotersystems herangezogen. Diese beschreiben die bei der Durchführung der Risikobeurteilung angenommenen Einsatzgrenzen des Robotersystems. Notwendige Maßnahmen hinsichtlich Qualifikation der Bediener und notwendige Maßnahmen zur arbeitsmedizinischen Vorsorge werden darauf aufbauend im Rahmen der Gefährdungsbeurteilung bestimmt. Die Gefährdungsbeurteilung identifiziert und bewertet ähnlich zur Risikobeurteilung die aus der Nutzung der Maschine resultierenden Risiken. Hierbei bezieht die Gefährdungsbeurteilung den konkreten Einsatzort, das die Maschine nutzende Personal und seine Qualifikation und die betrieblichen Abläufe mit ein. Auf Basis der Gefährdungsbeurteilung werden Schutzmaßnahmen für nicht tolerierbare Risiken definiert. Hierbei ist nach dem sogenannten TOP-Prinzip vorzugehen. Dieses sieht vor, dass zunächst technische Maßnahmen, wie z. B. die Beschränkung des Zutritts, durchgeführt werden. Sofern dies nicht möglich ist, können organisatorische Maßnahmen zum Einsatz kommen, wie z. B. Bedienung durch zwei Werker, Prüfungen und Kennzeichnung. Als letzte Ebene der Maßnahmen können persönliche Maßnahmen, wie z. B. Unterweisung und das Tragen von persönlicher Schutzausrüstung (PSA), zum Einsatz kommen. Die Gefährdungsbeurteilung wird dabei nicht durch die im Rahmen der Anlagenrealisierung durchgeführten Risikobeurteilung des Systemintegrators ersetzt. Sie baut vielmehr auf den dort identifizierten Risiken und angenommenen Rahmenbedingungen auf und interpretiert diese im Kontext der konkreten Einsatzart und betrieblichen Praxis.

9.3.2 Prüfung von Roboteranlagen

Der sichere Betrieb einer Roboteranlage erfordert, dass die im Rahmen der Risiko- und Gefährdungsbeurteilung definierten Maßnahmen und Vorkehrungen umgesetzt sind und die Geräte und Ausrüstungsgegenstände in einwandfreiem Zustand sind. Um dies sicherzustellen, sind Prüfungen der Roboteranlage und ihres Zustands notwendig. Die notwendigen Prüfungen werden in der Bedienungsanleitung auf Basis der Risikobeurteilung definiert oder im Rahmen der Gefährdungsbeurteilung festgelegt. Hierbei werden zwei Arten von Prüfungen unterschieden.

- *Prüfung durch unterwiesene Personen:* Hierbei handelt es sich in der Regel um direkt vom Bediener oder Produktionsmeister durchgeführte Prüfungen des Anlagenzustands. Diese Art der Prüfung ist nur für Aspekte geeignet, bei denen Ist- und Sollzustand leicht vermittelbar sind und Abweichungen einfach erkannt werden können. Beispiele hierfür sind die Überprüfung des Vorhandenseins von Schutzeinrichtungen oder des einwandfreien Zustands von Kabeln. Für Prüfungen durch unterwiesene Personen besteht keine Aufzeichnungspflicht. Es ist jedoch aus Sicht des Unternehmers empfehlenswert, dennoch Aufzeichnungen zu führen, um die Umsetzung der Maßnahmen im Betrieb nachweisen zu können.
- *Prüfung durch befähigte Personen:* Prüfungen durch befähigte Personen werden insbesondere dann notwendig, wenn die Sicherheit von der korrekten Montage oder Aufstellung abhängt. Dies ist bei Roboteranlagen fast immer der Fall, da Schutzeinrichtungen wie z. B. Schutzzäune oder nicht-trennende Schutzeinrichtungen bei fehlerhafter Montage keinen ausreichenden Schutz bieten. Als befähigte Personen gelten z. B. Sicherheitsfachkräfte. Eine Prüfung durch befähigte Personen wird durchgeführt nach Änderungen an der Anlage, wie z. B. durch Montage oder Instandsetzung, oder beim Auftreten sicherheitsrelevanter Ereignisse, wie z. B. dem Versagen von Schutzeinrichtungen. Zudem sind Prüfungen durch befähigte Personen regelmäßig zur Überprüfung auf nicht offensichtliche Schäden durchzuführen. Bei Roboteranlagen ist eine Prüfung durch eine befähigte Person insbesondere notwendig z. B. nach der Neukonfiguration von Schutzeinrichtungen, der Einführung neuer Bauteilvarianten, Änderungen am Roboterwerkzeug oder Vorrichtungen und Änderungen an sicherheitsrelevanten Steuerungsteilen der Roboteranlage (z. B. Arbeitsraumbegrenzung, SPS Programm).

9.3.3 Allgemeines Vorgehen zur Gewährleistung der Sicherheit

Der Betreiber der Anlage sollte sich möglichst früh, also bereits bei der Diskussion mit einem Systemintegrator zu einem möglichen Anlagenkauf, mit dem sicheren Betrieb der Anlage beschäftigen. Dies gilt besonders, sofern die Anlage sicherheitskritische Aspekte aufweist, wie z. B. Einlegestationen mit Quetschgefahr und potenzieller Zutrittsmöglichkeit, oder über nicht-trennende Schutzeinrichtungen verfügt. Hier empfiehlt sich ein frühzeitiger Kontakt zur verantwortlichen Berufsgenossenschaft. Dies erlaubt es, die notwendigen Maßnahmen zum sicheren Betrieb zu definieren und umzusetzen. Hierdurch werden teure Nachbesserungen vermieden.

Literatur

1. DIN EN ISO 12100:2011-03 (2011) Sicherheit von Maschinen – Allgemeine Gestaltungsleitsätze – Risikobeurteilung und Risikominderung International Organization for Standardization (ISO)
2. Das Europäische Parlament und der Rat der Europäischen Union (2006) Maschinenrichtlinie – Richtlinie 2006/42/EG des Europäischen Parlaments und des Rates vom 17. Mai 2006 über Maschinen und zur Änderung der Richtlinie 95/16/EG (Neufassung). Amtsblatt der Europäischen Union (ABI)
3. DIN ISO/TR 14121-2:2013-02 (2013) Sicherheit von Maschinen – Risikobeurteilung – Teil 2: Praktischer Leitfaden und Verfahrensbeispiele. International Organization for Standardization (ISO), Geneva
4. DGUV Information 209-074 (2015) Industrieroboter. Deutsche Gesetzliche Unfallversicherung e. V. (DGUV), Berlin

10 Zusammenfassung und Ausblick

Zusammenfassung

Wie in diesem Buch beschrieben, umfasst die industrielle Robotik zahlreiche organisatorische und technische Fachbereiche. Um wirtschaftliche Robotersysteme erfolgreich planen und umsetzen zu können, müssen die Abhängigkeiten und Zielkonflikte in diesen Disziplinen im Hinblick auf die jeweilige Produktionsaufgabe aufgelöst werden. Die wesentlichen Erkenntnisse des Buches hierzu werden im folgenden Abschnitt zusammengefasst. Die Robotik partizipiert dabei am Fortschritt in ihren Teildisziplinen. Aufgrund der zahlreichen Arbeitsfelder und Innovationsansätze ist es dabei schwierig, einen Überblick über aktuelle Entwicklungen zu behalten und vorherzusagen, welche Ansätze sich in der Praxis durchsetzen werden. Der zweite Teil dieses Kapitels gibt hierzu einen Überblick über aktuelle Trends, Ansätze in der Robotikforschung und Technologien, die gerade ihren Weg in die Praxis finden. Hierdurch sollen mögliche Entwicklungsrichtungen der industriellen Robotik aufgezeigt werden.

10.1 Zusammenfassung

Industrieroboter sind heute etablierte Technik. Aufgrund der hohen Betriebsbewährtheit und langen Einsatzdauer von Industrierobotern sind die Geräte ausgereift und zuverlässig. Der weitverbreitete Einsatz in der Automobilindustrie hat seitens der etablierten Hersteller zu einem Servicenetzwerk geführt, das einen Austausch kritischer Komponenten innerhalb sehr kurzer Zeit ermöglicht. Roboter erlauben daher für zahlreiche Applikationen erhebliche Rationalisierungen und Qualitätssteigerungen. Dies gilt insbesondere für die Massenproduktion, in der Roboter schon heute nicht mehr wegzudenken sind. Der technische Fortschritt in der Robotik realisiert diesen Vorteil auch in immer mehr mittelständisch geprägten Produktionsszenarien.

A. Pott und T. Dietz, *Industrielle Robotersysteme*,
https://doi.org/10.1007/978-3-658-25345-5_10

Industrieroboter sind per Definition universell einsetzbar und damit für viele Prozesse geeignet. Vorherrschend sind heute insbesondere die Bauteilhandhabung und das Schweißen als bewährte Prozesse in der Automobilindustrie. Die Universalität von Robotern bringt auch mit sich, dass Roboter stets zu einem Robotersystem integriert werden müssen. Wesentliche Anteile der Kosten für die Realisierung von Roboteranlagen fallen daher für die notwendigen Entwicklungs- und Integrationstätigkeiten an. Da es sich bei Roboteranlagen zumeist um für einen speziellen Einsatzzweck entwickelte Sondermaschinen handelt, ist für jede einzelne Anlage eine Konzeption und Lösungsfindung notwendig. Hierbei ist Fachwissen aus verschiedenen Disziplinen, insbesondere dem Maschinenbau, der Produktionstechnik, der Elektrotechnik, der Steuerungstechnik, der Informatik und dem Projektmanagement erforderlich. Vorherrschend für den industriellen Einsatz sind Knickarmroboter, die in vielen verschiedenen Typen und mit einer Traglast von 5 kg bis zu 1000 kg als Katalogprodukte erhältlich sind.

Die wichtigste Peripheriekomponente zum Einsatz von Industrierobotern ist der Endeffektor. Der Endeffektor stellt die Schnittstelle des Roboters zum Fertigungsprozess dar und ist für eine robuste und produktive Fertigung ausschlaggebend. Endeffektoren sind dabei immer vom individuellen Prozess und den verarbeiteten Bauteilen abhängig. In der Regel handelt es sich um Anpasskonstruktionen oder Variantenkonstruktionen. Neukonstruktionen sind dagegen eher die Ausnahme. Bei der Realisierung von Endeffektoren kann auf zahlreiche Standardkomponenten wie z. B. Greifmodule, Sauger etc. zurückgegriffen werden. Die sorgfältige Konzeption und Integration des Endeffektors ist dabei für die spätere Leistungsfähigkeit und Robustheit der Roboteranlage entscheidend. Insbesondere bei Wirkprinzipien von Endeffektoren oder Bauteilarten, mit denen keine Erfahrungen bestehen, wird empfohlen, die Erreichbarkeit der geplanten Leistungseigenschaften in frühen Entwicklungsphasen auf Basis von Machbarkeitsuntersuchungen zu verifizieren.

Der Roboter wird durch seine Bewegungsprogrammierung zur Durchführung der Fertigungsaufgabe befähigt. Dies kann mittels Onlineprogrammierung oder Offlineprogrammierung erfolgen. Bei der Onlineprogrammierung erfolgt die Programmierung direkt in der Roboterzelle. Nachteilig hierbei ist, dass die Anlage während der Programmierung nicht für die Produktion genutzt werden kann. Bei der Offlineprogrammierung werden die Programme zunächst mittels eines digitalen Modells der Roboteranlage mit einer speziellen Software erstellt und dann auf den Roboter geladen. Aufgrund von Abweichungen der realen Anlage vom digitalen Modell ist vor Beginn der Produktion zumeist die Korrektur der Programme in der realen Anlage notwendig. Die Roboterprogrammierung ist dabei insbesondere bei kleinen Losgrößen und großer Variantenvielfalt der Schlüssel zur wirtschaftlichen Nutzung der Gesamtanlage.

Industrierobotersteuerungen sind in der Regel herstellerspezifisch und proprietär. Sie verfügen bereits ab Werk über zahlreiche Steuerungsfunktionen für die Realisierung von Robotersystemen. Bei einfachen Roboteranlagen reichen diese Funktionen der Robotersteuerung aus, um den Endeffektor und einfache Peripherie zu steuern. Bei komplexeren Anlagen erfolgt meist die Anbindung an eine übergeordnete speicherprogrammierbare Steuerung

(SPS) zur Koordination der einzelnen Produktionsumfänge. Die Steuerung der unmittelbaren Prozessperipherie, wie z. B. der Werkzeuge des Roboters, bleibt dabei zumeist direkt am Roboter angebunden. Für nahezu alle Robotersteuerungen sind zusätzliche Softwarepakete erhältlich, die es erlauben, den Funktionsumfang der Steuerung zu erweitern. Beispiele hierfür sind die Ansteuerung spezieller Prozessperipherie, wie z. B. von Schweißgeräten, oder die Reaktion auf externe Sensorsignale.

Die Realisierung von Roboteranlagen erfordert das Zusammenspiel zahlreicher Disziplinen und Akteure. Hierzu zählen der Endnutzer der Roboteranlage, der Systemintegrator und dessen Komponenten- bzw. Unterbaugruppenlieferanten. Klare Kommunikationswege sind für die erfolgreiche Umsetzung von Roboteranlagen unerlässlich. Unsicherheiten und Probleme in frühen Projektphasen müssen beseitigt werden, bevor weitere Phasen des Projekts gestartet werden. So sind insbesondere die Bedingungen bei der Inbetriebnahme der Roboteranlage in der Fertigungsumgebung nie identisch zu den Bedingungen beim Systemintegrator. Aufgrund dieser Abweichung ist mit zusätzlichen Detailproblemen zu rechnen. Hierfür sollten entsprechende Zeitreserven im Projekt eingeplant werden. Im Laufe des Projekts getroffene Absprachen zu Kriterien und Vorgehen sollten immer schriftlich dokumentiert werden, um spätere Missverständnisse zu vermeiden.

Bei der Planung von Industrieroboteranlagen sollte ein klar strukturierter Planungsprozess angewendet werden, um eine optimal auf die Fertigungsbedarfe zugeschnittene Lösung zu erhalten. Die Richtlinie VDI 2221 „Methodik zum Entwickeln und Konstruieren technischer Systeme und Produkte" bietet hierzu eine standardisierte und erprobte Vorgehensweise an. Hierbei werden Anforderungen für das Gesamtsystem erfasst und in Anforderungen für die einzelnen Funktionen der Roboteranlage heruntergebrochen. Auf dieser Basis werden Lösungen für die einzelnen Funktionen erarbeitet und schließlich zu Gesamtlösungen kombiniert. Restunsicherheiten in der Bewertung bezüglich der technischen Realisierbarkeit sollten dabei durch Simulation, Funktionsmuster und Machbarkeitsuntersuchungen frühzeitig verringert werden.

Zur Beurteilung der Wirtschaftlichkeit von Roboteranlagen sollte der gesamte Lebenszyklus der Roboteranlage betrachtet werden. Hierdurch wird dem Fakt Rechnung getragen, dass höhere Anfangsinvestitionen sich oftmals durch eine höhere Produktivität und Flexibilität der Roboteranlage im späteren Betrieb amortisieren und der reine Realisierungspreis einer Roboteranlage nur eine geringe Aussagekraft bezüglich deren Wirtschaftlichkeit hat. Wesentliche Kosten entstehen bei der Realisierung von Roboteranlagen durch Peripheriekomponenten und die Integration der einzelnen Komponenten der Roboteranlage. Insbesondere Kosten für das Einfahren, die hierfür notwendigen Teile, etwaige Stillstände bzw. Produktionsverluste und die notwendige Schulung von Personal müssen einkalkuliert werden. Im Betrieb der Roboteranlage findet eine Amortisation meist über die Einsparung an Personalkosten statt. Hierbei sollte betrachtet werden, zu welchem Anteil die freigesetzte Personalkapazität tatsächlich produktiv einsetzbar ist und auch nur zu diesem Anteil der Wirtschaftlichkeit der Roboteranlage zugeschrieben werden.

Auch die Anlagensicherheit von Roboteranlagen muss wie bei einer Sondermaschine für jeden einzelnen Anwendungsfall betrachtet werden. Der Systemintegrator ist dabei als Inverkehrbringer für die Gewährleistung der Sicherheit der Roboteranlage verantwortlich. Er erstellt eine Risikobeurteilung und CE-Konformitätserklärung der Roboteranlage und steht damit dafür ein, dass die Anlage sicher betrieben werden kann. Das Anlagenkonzept sollte bereits möglichst früh in einer Risikoanalyse untersucht werden, um teure Anpassungen zu späteren Projektzeitpunkten zu vermeiden. Bei der sicherheitstechnischen Bewertung von Roboteranlagen ist zu beachten, dass der Schutzzaun sicherheitstechnisch nicht die Grenze der Roboteranlage darstellt. Der Betreiber der Roboteranlage muss seinerseits eine Gefährdungsbeurteilung erstellen und dabei die technischen Informationen der Roboteranlage und die konkreten Einsatzbedingungen im eigenen Betrieb berücksichtigen.

Die Realisierung wirtschaftlicher Roboteranlagen erfordert das Zusammenspiel verschiedener Akteure und Fachexperten. Sofern dies gewährleistet ist, bieten Roboteranlagen ein in zahlreichen Anwendungen nachgewiesenes, sehr hohes Potenzial zur Rationalisierung und Steigerung der Produktqualität.

10.2 Aktuelle Entwicklungen

Die Robotik war in den letzten Jahren und ist gegenwärtig ein sehr aktives Forschungsfeld, in dem zahlreiche Innovationen entstehen. Dabei wird zwischen der noch relativ jungen Servicerobotik [1] und der etablierten Industrierobotik unterschieden. Zunehmend fließen Technologien, die in den letzten Jahren im Bereich der Servicerobotik entwickelt wurden, in die Industrierobotik ein. Hierzu zählen insbesondere Algorithmen zur Bildverarbeitung, neue Sensoren und automatisierte Planungsalgorithmen, die die Flexibilität der Roboter weiter steigern. Die Industrierobotik erhält dadurch wichtige Impulse. Im Folgenden werden maßgebliche Trends vorgestellt und mögliche zukünftige Entwicklungen beschrieben, die die Industrierobotik heute beeinflussen.

Eine wesentliche Entwicklungsrichtung für zukünftige Roboter ist die Erhöhung der Flexibilität sowie eine Vereinfachung der Bewegungsprogrammierung (siehe auch Kap. 5). Wichtig ist in diesem Kontext der zunehmende Einsatz bildgebender Sensoren, die es dem Roboter ermöglichen, auf Änderungen in seiner Produktionsumgebung zu reagieren. Dazu gehört insbesondere die Beherrschung von Unsicherheiten, die sich zum Beispiel in Bauteiltoleranzen und undefinierten Werkstücklagen manifestieren. Neuere Roboter und ihre Steuerungen sind besser auf die Integration von Bildverarbeitungssystemen und die Übernahme von Daten aus anderen Maschinen vorbereitet.

Industrieroboter werden als Schlüsseltechnologie in der Digitalisierung der industriellen Wertschöpfung angesehen. Unter dem Stichwort *Industrie 4.0* [2] werden Technologien zusammengefasst, die die Potenziale der massenhaften Datenverarbeitung auf die Produktion anwenden. Dem Industrieroboter kommt dabei eine zentrale Funktion zu, da der Roboter schon seit vielen Jahren in der Lage ist, sich mit der industriellen IT zu vernetzen und auf der Basis von Daten seine Umwelt zu manipulieren. Dabei wird der Industrieroboter auch zur Datenquelle, um während der Prozessausführung die notwendigen Informationen für Big-Data-Analysen zu liefern. Der Roboter ist per Definition programmierbar und kann daher ein für jedes einzelne Werkstück optimiertes Fertigungsprogramm ausführen.

Um die Flexibilität von roboterbasierten Fertigungsanlagen weiter zu erhöhen, wird das Gebiet der *Mensch-Roboter-Kollaboration* (MRK) vorangetrieben. Mittels des Einsatzes von MRK wird mit verschiedenartigen Formen der Zusammenarbeit versucht, die Stärken von Menschen und Robotern synergetisch zu nutzen. Der Roboter bringt dabei vor allem seine physische Stärke, Genauigkeit und Ausdauer ein. Der Mensch bildet dagegen mit seinem Prozessverständnis, seiner Erfahrung und Entscheidungskompetenz die kognitiven Aspekte ab. Die Entwicklungen in diesem Bereich zielen vor allem darauf ab, diese Art der Zusammenarbeit unter geltenden Vorschriften sicher zu gestalten. Dabei wird die Effizienz des Teams aus Mensch und Roboter durch geeignete Ausgestaltung der Mensch-Maschine-Schnittstelle gesteigert. Insbesondere Sicherheitsvorrichtungen, die gänzlich in den Roboter integriert werden können, versprechen flexible Fabriken, die ohne trennende Schutzeinrichtungen auskommen und sich so rascher an sich ändernde Anforderungen anpassen. Die spezifischen Fragen der Personensicherheit wurden in Kap. 9 ausführlich behandelt. Durch die starke Aufmerksamkeit für das Thema MRK in den vergangenen Jahren hat sich in der Praxis gezeigt, dass aufgrund des Einsatzes von Mensch und Roboter in einem Fertigungsszenario die Wirtschaftlichkeit nur gegeben ist, wenn Mensch und Roboter ihre Stärken synergetisch einbringen. MRK erfordert daher eine sorgfältige Applikationsplanung (siehe auch Kap. 7). Darüber hinaus wird der Einsatz von MRK vermutlich auf Applikationen begrenzt bleiben, die mit wirtschaftlichem Aufwand nicht vollständig automatisierbar sind, bei denen jedoch durch den Einsatz von Robotern ein deutlicher Vorteil in der Prozessausführung entsteht.

Ein weiterer Trend ist der Einsatz von *Leichtbaurobotern* in der industriellen Produktion (Abb. 10.1). Hierbei handelt es sich um Roboter, die verglichen mit konventionellen Robotern ein relativ geringes Eigengewicht aufweisen. Ihre Kinematik und Reichweite ist in der Regel an den menschlichen Arm angelehnt. Leichtbauroboter sind dabei meist in der unteren Traglastklasse bis ca. 15 kg positioniert und orientieren sich damit auch hier an den menschlichen Fähigkeiten. Viele Leichtbauroboter besitzen insgesamt sieben Freiheitsgrade, um den nutzbaren Arbeitsraum zu vergrößern, Hindernisse besser umfahren zu können und die Behinderung durch Singularitäten zu verringern. Sie werden insbesondere verwendet, um ortsflexible Roboteranwendungen (Abb. 10.2) und MRK-Anwendungen zu realisieren, da hier die Vorteile des geringen Eigengewichts gut nutzbar sind und sich die Nachteile der relativ geringen Traglast und Geschwindigkeit nur geringfügig auswirken.

Neue Leichtbauroboter verfügen häufig über eine *integrierte Kraftmessung* und damit über die Möglichkeit, neben der Programmierung von Zielpositionen auch Prozesskräfte kontrolliert aufzubringen und zu messen. Letzteres ist bei konventionellen Robotern nicht möglich, was diese, anschaulich gesprochen, weniger feinfühlig macht. Bisher war es ein erhebliches Hemmnis, die für die Kraftregelung notwendige Mess-, Steuerungs- und Regelungstechnik zu marktfähigen Kosten und in industrieller Qualität bereitzustellen. Einige

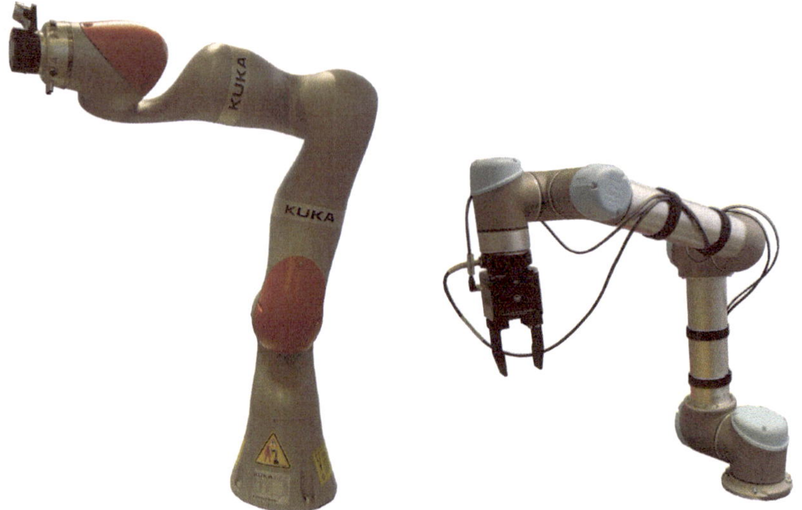

Abb. 10.1 Beispiele für Leichtbauroboter: Kuka iwaa (links) und Universal Robot UR10 (rechts)

Abb. 10.2 Ortsflexibles Robotersystem auf Basis eines Leichtbauroboters

neue Baureihen werden serienmäßig mit zuverlässigen und ausfallsicheren Kraftsensoren angeboten. Durch die konsequente Nutzung dieser Sensorik kann ein erheblicher Innovationssprung in der Robotik erfolgen, da die Kraftregelung neue Anwendungsfelder erschließt.

In Bezug auf die Roboterkinematik sind derzeit vor allem neue *zweiarmige Roboter* in Vorbereitung. Die Motivation für die steuerungstechnische und örtlich enge Integration von zwei Roboterarmen besteht darin, durch einen zweiten Roboterarm kostenintensive und zudem bauteilspezifische Vorrichtungen einzusparen. Dies ist ein wichtiger Baustein in der Bestrebung, Roboter flexibler und leicht umrüstbar zu machen. Ein anderes Ziel beim Einsatz von zweiarmigen Robotern ist die Steigerung der Produktivität auf engem Raum.

Ein weiterer Trend besteht darin, bei *integrierten Robotern* mehr Funktionen und Komponenten, die bisher von getrennten Modulen geleistet wurden, direkt in den Roboter zu integrieren. Dazu gehören vom Hersteller direkt integrierte Greifer, Bildverarbeitungslösungen, mit dem Roboter fest verbundene Stative und eine in den Roboter integrierte Steuerungstechnik. Zusammen mit den oben genannten Trends zu Leichtbau und integrierten Sicherheitsfunktionen sollen so Roboteranwendungen ermöglicht werden, die sich schneller auf neue Anwendungen umrüsten lassen. Daraus leitet sich die Vision ab, Roboter wie Leiharbeiter für eine kürzere Zeit anzumieten, um zum Beispiel saisonalen Schwankungen der Auslastung zu begegnen.

Ein weiterer, eng mit der Leichtbaurobotik in Verbindung stehender Trend ist die Realisierung von kostengünstigen Robotersystemen. Hierbei werden in der Regel die integrierten Fähigkeiten von Leichtbaurobotern, wie z. B. Sicherheit ohne Schutzzaun und integrierte taktile Sensorfähigkeiten, genutzt, um die Kosten für Robotersysteme drastisch zu senken. Hierdurch werden Anwendungen mit Robotern wirtschaftlich interessant, in denen bisher keine Einsparungen möglich waren. Ein Beispiel hierfür ist die Beschickung von Werkzeugmaschinen.

Mittlerweile sind neben Robotern auch ganze Robotersysteme als Katalogprodukte am Markt erhältlich. Diese erlauben den Einsatz in der Produktion mit relativ geringen Integrationsaufwänden. In der Regel sind diese Systeme MRK-tauglich, benötigen also keinen Schutzzaun, und verfügen ab Werk über Greifer für einfache Handhabungsaufgaben. Typische Anwendungen sind die Handhabung kleiner Bauteile oder die Beschickung von Maschinen. Als Beispiel solcher Systeme sind insbesondere die Roboter der mittlerweile nicht mehr existierenden Firma Rethink Robotics und das APAS System der Firma Bosch zu nennen (Abb. 10.3).

Die Forschung beschäftigt sich darüber hinaus mit der deutlichen *Vereinfachung der Integration* von Roboteranlagen und der Senkung der Integrationsaufwände. Das Ziel hierbei ist, dass Roboter schneller und einfacher an die jeweilige Fertigungsaufgabe angepasst werden können. Hierdurch kann die Reaktionsfähigkeit der Produktion auf Änderungen an Produkt, Produktionsspektrum und Ausbringungsbedarf verbessert werden. Dies ist eine grundlegende Voraussetzung für die *wandlungsfähige Produktion* [3]. Diese Technologien werden in der Regel unter dem Begriff *Plug and Produce* zusammengefasst. Diesem Begriff liegt die Vorstellung zugrunde, dass zukünftige Roboterzellen über eine standardisierte Schnitt-

Abb. 10.3 Der Bosch APAS assistant mobile als Beispiel eines kommerziell erhältlichen kompletten Robotersystems

stellenbeschreibung und Verfahren zur Erkennung neuer Komponenten verfügen, so dass neue Geräte ähnlich einer USB-Schnittstelle eines Computers erkannt werden. Hierdurch soll es möglich werden, dass der Roboter die ihm zur Verfügung stehenden Komponenten automatisch erkennt, deren Schnittstellenbeschreibung ausliest und direkt ohne menschliches Eingreifen in der Lage ist, diese Geräte zu verwenden. Das Gebiet wird seit langem in der Forschung bearbeitet, fand in der Praxis aber kaum Anwendung, da sich wegen der Fragmentierung des Robotikmarkts bisher kein Standard durchsetzen konnte. Dieses Problem könnte mit den neuen Möglichkeiten der Digitalisierung überwunden werden.

Ein weiteres aktives Gebiet der Forschung und Entwicklung ist die Bereitstellung von Roboterfunktionalitäten in Form von wiederverwendbaren Programmen, sogenannten Apps, über Bezahlplattformen. Hierbei wird versucht, das aus der Konsumentenelektronik, insbesondere dem Smartphonemarkt, bekannte Modell der App Stores auf die Robotik zu übertragen. Zu nennen ist hierbei insbesondere der App Store URCaps von Universal Robot, der maßgeschneiderte Endeffektoren und Software von Drittanbietern für den Einsatz mit den Robotern dieses Herstellers anbietet.

Mit der Vereinfachung der Integration sowie alternativen Vertriebswegen werden neue *Geschäftsmodelle* in der Robotik denkbar. So existieren mittlerweile verschiedene Start-ups, die Roboter zur Miete anbieten. Heute muss der Kunde den Roboter in der Regel für einen längeren Zeitraum mieten bzw. eine einmalige Integrationspauschale bezahlen. Durch technischen Fortschritt und ein weiteres Sinken von Integrationsaufwänden ist es zukünftig vorstellbar, dass Roboter auch für kurzfristige, zeitlich enger begrenzte Einsätze gemietet werden können. Diese sogenannten *Pay-per-use*-Geschäftsmodelle, bei denen der Endnutzer nur für die tatsächliche Nutzung des Robotersystems bezahlt, stellen dabei einen völlig neuen Zugang zur Nutzung von Automatisierung dar, der extremes Disruptionspotenzial für den Automatisierungsmarkt hat. So definiert dieses Geschäftsmodell die Rolle des Systemintegrators zukünftig als die eines Betriebsmittelverwalters. Durch geringere Einsatzhürden und ohne die Notwendigkeit einer Investition durch den Endnutzer werden Robotersysteme für Produktionsszenarien einsetzbar, in denen dies heute aufgrund der kurzen Planungsintervalle wirtschaftlich nicht darstellbar ist. Eine effiziente Wiederverwendung des bei vermieteten Robotern gewonnenen *Prozesswissens* würde die Verbreitung von Robotern vorantreiben. Hierdurch werden die Vorteile des Robotereinsatzes für immer neue Branchen und Anwendungen erschließbar.

Wie obige Ausführungen zeigen, finden Entwicklungen in der Robotik in zahlreichen technischen und organisatorischen Disziplinen statt. Die sich momentan in der Erforschung und Entwicklung befindlichen Technologien haben erhebliches Potenzial, den Einsatz von Robotern wirtschaftlicher und produktiver zu machen und diese Vorteile einer stetig wachsenden Gruppe von Anwendern zugänglich zu machen.

Diese Geschäftsmodelle und Fortschritte können als Meilenstein des Roboters auf dem Weg zum ultimativen Produktionsmittel gesehen werden. Aus der Summe der Fortschritte in Mechanik, Antriebstechnik, Werkstoffen, Computertechnik, Software und maschinellem Lernen kann zukünftig eine Maschine gebaut werden, die jede Produktionsaufgabe ausführen kann, welche die Handhabung von Werkstücken oder Werkzeugen erfordert. Obgleich der Weg zu diesem Robotersystem noch lang sein mag, erscheint es aus heutiger Sicht wahrscheinlich, dies zu erleben.

Literatur

1. Schraft RD, Schmierer G (1998) Serviceroboter. Springer, Berlin
2. Vogel-Heuser B, Bauernhansl T, ten Hompel M (Hrsg) (2016) Handbuch Industrie 4.0. Springer Vieweg, Wiesbaden
3. Wiendahl H-P, Reichardt J, Nyhuis P (Hrsg) (2014) Handbuch Fabrikplanung: Konzept, Gestaltung und Umsetzung wandlungsfähiger Produktionsstätten. Hanser, München

Stichwortverzeichnis

A. Pott und T. Dietz, *Industrielle Robotersysteme*,
https://doi.org/10.1007/978-3-658-25345-5

L

M

N

O

Q

R

S